Dreamweaver

网页设计技术与案例精解

（HTML+CSS+JavaScript）

主　编◎赖步英

副主编◎傅宜宁　青宏燕

U0377973

清华大学出版社

北京

内 容 简 介

本书以实用经典案例为主线，围绕创建与设计 Web 站点、创建与优化网页，深入浅出地讲解了网页设计方面的相关技术及应用，介绍了使用 Dreamweaver 创建、管理网站及网页的方法与技术；并重点介绍了使用 HTML、CSS、JavaScript 进行网页设计与制作各方面的技术与应用。

本书的编写采用任务驱动方法、案例精解、综合实训贯穿知识点。案例内容丰富实用、素材新颖。本书将网页制作的使用方法和技巧分解成 50 个知识点，精选 52 个案例、11 个实训，使读者逐步掌握设计与制作实用美观网页的方法与技巧，逐步提高设计与制作实用美观网页的能力。

本书可作为高等院校专业基础课的教材，以及高职院校和成人高校的教材；还可供网页设计爱好者参考。也可供示范性软件技术学院、继续教育学院、民办高校、技能型紧缺人才培训使用，还可供计算机专业人员和网页设计爱好者参考。

图书在版编目（CIP）数据

Dreamweaver 网页设计技术与案例精解：HTML+CSS+JavaScript /赖步英主编. —北京：清华大学出版社，2021.9（2023.7重印）

ISBN 978-7-302-58995-2

I. ①D… II. ①赖… III. ①网页制作工具 IV. ①TP393.092.2

中国版本图书馆 CIP 数据核字（2021）第 174809 号

责任编辑：邓　艳
封面设计：刘　超
版式设计：文森时代
责任校对：马军令
责任印制：沈　露

出版发行：清华大学出版社
　　　　　网　　　址：http://www.tup.com.cn，http://www.wqbook.com
　　　　　地　　　址：北京清华大学学研大厦 A 座　　　邮　　编：100084
　　　　　社 总 机：010-83470000　　　　　　　　　邮　　购：010-62786544
　　　　　投稿与读者服务：010-62776969，c-service@tup.tsinghua.edu.cn
　　　　　质量反馈：010-62772015，zhiliang@tup.tsinghua.edu.cn
印 装 者：三河市铭诚印务有限公司
经　　销：全国新华书店
开　　本：185mm×260mm　　印　　张：12　　字　　数：289 千字
版　　次：2021 年 9 月第 1 版　　　　　　印　　次：2023 年 7 月第 2 次印刷
定　　价：48.00 元

产品编号：092814-02

前　言

随着 Internet 的普及、电子商务的蓬勃兴起、网络技术的迅猛发展以及多媒体网页制作软件变得更加便捷，再加上人们对网页制作技术知识的不断更新，如今的网页制作越来越五彩缤纷，令人目不暇接。企事业单位在互联网上创建自己的网站，能更好地推广企事业单位文化、树立企事业单位形象、进行产品与服务介绍、展示企事业单位的新风貌。

中国共产党第二十次全国代表大会为党和国家事业发展，实现第二个百年奋斗目标指明了前进方向，确立了行动指南，同时也为我国的教育事业指明了方向与道路。为推动二十大精神进高校课堂，进教材；本书贯彻党的二十大精神，以培养学生的"工程应用能力"为目标，提高学生网站设计能力为目的，从工程实际需求出发，合理安排知识结构，由浅入深，通俗易懂，循序渐进；提供丰富案例，以缩小高等院校人才培养和企业公司人才需求差距。同时本教材也重视学生的思想政治教育，培养学生的创新意识，树立学生正确的三观，使学生成为社会主义建设的合格人才。

本书贯彻"工学结合、项目导向"的课程教学模式，以企事业单位实用案例为主线，介绍了 Dreamweaver CS6 的使用方法，着重介绍了 HTML+CSS+JavaScript 基本知识和实际操作。本书在注重系统性、科学性的基础上重点突出了实用性与可操作性，旨在培养学生具有独立设计与制作"画面精美、图文并茂、功能齐全、操作与维护方便、运行安全可靠"网页的能力，以及掌握制作网页的方法与技巧。

本书推荐授课课时为 54～72 学时，并提倡在实验室授课；课程结束后，建议安排1～2 周的实训。本书共 7 章：第 1 章介绍网页制作基础，第 2 章介绍 Dreamweaver CS6与创建管理网站，第 3 章介绍 HTML 标记语言，第 4 章介绍网页编辑与超链接；第 5章为表格布局网页，第 6 章使用 CSS 布局网页，第 7 章使用 JavaScript 创建动态网页。本书注重网页制作能力的训练，每章最后均安排了精选的上机操作案例与实训练习，力求通过循序渐进的方法强化学生的网页制作能力。

本书内容丰富、案例经典、素材新颖，采用任务、案例驱动方式将网页制作剑客的使用方法与技巧分解成 50 个知识点，同时精选 52 个案例、11 个实训；每个知识点作为一个任务；每个任务首先介绍相关背景知识，然后通过实用案例、实训和综合实训 3 个环节来强化相关知识点的实际操作与应用能力。每个案例均有详细的操作步骤，而实训只给出操作步骤和网页浏览效果，操作步骤留给读者自行完成，以加强读者对知识点的实战演练。综合实训则是对多个知识点的综合应用。

本书由赖步英主编和策划。第 1、2、3、4、5、6 章由赖步英编写，第 7 章由傅宜宁编写并由青宏燕审查修改，全书由赖步英最后统稿。

在本书的编写过程中，还引用了《Dreamweaver CS6+Flash CS6 网页制作技术与案例精解（第 2 版）》中陶玲妹和廖晓芳编写的案例，很感谢陶玲妹老师和廖晓芳老师的大力支持，广州智力乐园信息技术有限公司总经理游玉椿工程师为本书提供了实用案例，并从实际工作出发提出了诸多实战经验。同时，广州市巨泽电子通讯有限公司为本书提供了高清图像和企业实用案例等素材，以及宝贵的网页制作经验；在此一并表示感谢！

为了方便教学，本书免费赠送全部案例、实训、习题及附录中两套上机测试题所需要的素材，以及制作好的完整案例、实训和上机习题涉及的相关网页，读者可到清华大学出版社网站自行下载。

作者本着严谨的态度编写了本书，但书中难免存在疏漏和不足之处，敬请广大读者批评指正。

编　者

目　　录

第**1**章

网页制作基础

在学习制作一个网页之前，首先应了解一些网页与网站的基本知识，以及常用的网页制作工具，并熟悉网站开发的工作流程。本章主要介绍与网页制作相关的一些基本知识及Web常用术语、网页制作工具、网页图像、动画制作工具以及网站开发的工作流程。

任务 1   认识网页基础知识

WWW（World Wide Web），中文称万维网，是 Internet 中最为精彩的部分。为了与传统的网络区分，人们将 WWW 简称为 Web，或 3W；Web 上具有共同的主题、性质相关的一组资源就是 Web 站点。Web 直译为"网"，其含义是通过超链接将各种文档组合在一起，形成一个大规模的信息集合。

知识点：网页的基础知识

1. Web 网页的特点

浏览 Web 时所看到的文件称为 Web 页，又称为网页。网页可以将不同类型的信息（例如文本、图像、声音和视频等）组合在一个文档中。由于这些文档是用超文本标记语言 HTML 表示的，其文件扩展名为.htm 或.html，因此又称为 HTML 文档或超文本。超文本可以给浏览者带来视觉和听觉的双重享受；所以，Web 技术又称为超媒体技术。

一个 Web 由一个或多个 Web 页组成，这些 Web 页相互连接在一起，存放在 WWW 服务器中，以供浏览者访问。浏览者通过 Web 页可以进行跳跃查询与浏览，可以在世界各地的网络计算机之间自由高效地选择和收集各种各样的信息，而不必知道所浏览的信息来自于哪台计算机。Web 所包含的是双向信息；一方面浏览者可以通过浏览器浏览他人的信息，另一方面浏览者也可以通过 Web 服务器建立自己的网站和发布自己想要发布的信息。

2．Web 网页常用术语

当用户制作网页时，了解与熟悉 Web 站点的有关术语对网页设计是十分重要的；例如，HTTP、URL、网页、主页等术语。

1）HTTP

HTTP（Hypertext transfer protocol 的缩写）中文译为超文本传输协议，是一种详细规定浏览器和万维网服务器之间互相通信的规则。

2）URL

URL 是 Uniform Resource Locator 的缩写，其含义是统一资源定位器。URL 的表示可以是绝对的，也可以是相对的。绝对的 URL 将完整地给出协议种类（例如，HTTP、FTP）、服务器的主机域名、路径和网页文件名。如图 1-1 所示，这是 URL 为 http://www.163.com/index.html 的网页。其中，http 表示使用的是超文本传输协议，www.163.com 表示主机的域名，index.html 表示网页文件名。再如，广州航海学院的网址 http://www.gzmtu.edu.cn。

图 1-1　浏览器与主页

3）网页

网页是使用 HTML 语言所写的文本文件，网页里可以包含文字、表格、图像、链接、声音和视频等。每个网页都是磁盘上的一个文件，可以单独被浏览。

4）主页

主页（Home Page）也称为首页，它是一个单独的网页，可以存放各种信息；它又是特殊的网页，是浏览者浏览一个网站的起点。

3．Web 网页的基本元素

Web 网页是一个纯文本文件，通过 HTML、CSS、JavaScript 等脚本语言对页面元素进行标识，然后由浏览器自动生成的页面。构建网页的基本元素有文本、图像、超链接、导航栏、表格、表单、多媒体及特殊效果等。

1）文本

网页的主体一般以文本为主。在制作网页时，可以根据需要设置文本的字体、字号、颜色以及所需要的其他格式。

2）图像

图像可以用作标题、网站标志（Logo）、网页背景、链接按钮、导航栏、网页主图等。图像使用最多的文件格式是 JPEG 格式和 GIF 格式。

3）超链接

超链接是从一个网页指向另一个目的端的链接；该链接既可以指向本地网站的另一个网页，也可以指向世界各地的其他网页。

4）导航栏

导航栏能使浏览者方便地返回主页或继续访问下一页。导航栏可以是按钮、文本或图像。

5）表格

网页中的表格是一种用于控制网页页面布局的有效方法。

6）表单

表单通常用于收集信息或实现一些交互式的效果。表单的主要功能是接收浏览者在浏览器端的输入信息，然后将这些信息发送到浏览者设置的目的端。

7）多媒体及特殊效果

网页还包含有声音、动画、视频等多媒体元素，以及悬停按钮、Java 控件、ActiveX 控件等特殊效果。

4．Web 网页的常见类型

目前，常见的网页有静态网页和动态网页两种。静态网页的 URL 通常以.htm、.html、.shtml、.xml 等形式为后缀，而动态网页的 URL 一般以.asp、.jsp、.php、.perl 和.cgi 等形式为后缀。

5．Web 标准

Web 标准并不是某一个标准，而是一系列标准的集合；主要包括结构（Structure）、表现（Presentation）和行为（Behavior）三个方面。

结构：用于对网页元素进行整理和分类，主要包括 XML 和 XHTML。

表现：用于设置网页元素的版式、颜色、大小等外观样式，主要指的是 CSS。

行为：对网页模型的定义及交互的编写，主要包括 DOM 和 ECMAScript。

6．HTML、CSS 和 JavaScript

1）HTML

Web 页是用超文本标记语言 HTML（Hyper Text Markup Language）表示的。HTML 是

一种规范，一种标准。HTML 通过标记符（Tag）标记网页的各个组成部分，通过在网页中添加标记符可以指示浏览器如何显示网页内容。浏览器按顺序阅读网页文件（HTML 文件）。以 IE 浏览器为例，在浏览器窗口的菜单中选择"查看"|"源文件"命令后，系统将自动启动记事本或写字板，并显示该网页的 HTML 源文件，如图 1-2 所示。

图 1-2　查看网页源文件的选项操作和在记事本中查看网页源文件（HTML 文件）

2）CSS

CSS 通常称为 CSS 样式或样式表，主要用于设置 HTML 页面中的文本内容（字体、大小、对齐方式等）、图片的外形（宽高、边框样式、边距等）以及版面的布局等外观显示样式。

CSS 以 HTML 为基础，既可以嵌入在 HTML 文档中，也可以是一个单独的外部文件；如果是独立的文件，则必须以.css 为后缀名。

3）JavaScript

JavaScript 是 Web 页面中的一种脚本语言，通过 JavaScript 可以将静态页面转变成支持用户交互并响应相应事件的动态页面。JavaScript 代码可以嵌入在 HTML 中，也可以创建.js 外部文件。通过 JavaScrit 可以实现网页中常见的下拉菜单、TAB 栏、焦点图轮播等动态效果。

在网站建设中，HTML 用于搭建页面结构，CSS 用于设置页面外观样式，而 JavaScript 则用于为页面添加动态效果。

7．浏览器

浏览器是网页运行的平台，常用的浏览器有 IE、火狐（Firefox）、谷歌（Chrome）、Safari 和 Opera 等。浏览器的作用是"翻译" HTML 标记语言并按照规定的格式显示出来，因此使用 IE 等浏览器可以直接访问网页。浏览器是浏览 Internet 资源的软件，通过它可以显示各种多媒体网页，连接到不同的 Internet 服务器，获取各种各样的有用信息。因此，浏览器是浏览者用于获得 Web 资源的有力工具。

如图 1-1 所示，浏览器窗口一般由标题栏、菜单栏、图标组成的工具栏、URL 地址栏和页面等部分组成。浏览器主要具有以下基本功能。

- ❖ 获取 Internet 资源。
- ❖ 保存访问记录。
- ❖ 阅读超文本文件。
- ❖ 具有字符格式化功能。
- ❖ 发送或接收 E-mail。
- ❖ 具有安全保密功能。
- ❖ 具有书签功能。
- ❖ 处理具有交互功能的 FORM 表单。

8. 网页制作新手须知

假如从来没有制作过网页，现在希望体会一下制作网页的快乐；那么，工作步骤通常包括如下几步。

1）使用 Windows 资源管理器规划网站的目录结构。例如，假定希望创建一个个人站点，其中大致包括个人兴趣（xingqu）、爱好（aihao）和自我简介（jianjie）等内容，那么网站的目录结构可以按图 1-3 所示进行安排。

图 1-3 网站目录规划示例

因此，规划站点目录结构实际上是一个信息分类管理的过程，用户完全可以自由安排；不过此时应特别注意下面几个问题。

- ❖ 最好在驱动根目录下创建站点文件夹。例如，在 D 盘下建立站点根文件夹 mywebsite。
- ❖ 文件夹名、网页文件名及网页中所用到图像等素材文件名最好不要使用大写、中文及空格，因为很多网站使用的都是 Unix 操作系统，该操作系统对大小写敏感，且不能识别中文文件名。
- ❖ 不要将与网页无关的文件放置在站点文件夹中。

2）启动网页编辑软件 Dreamweaver 配置站点。由于将来必须将第一点所讲的创建的文件夹结构及以后制作网页时产生的 HTML 文件及各种图片文件全部发送到某个 ISP（Internet Service Provider，互联网服务提供商）处，并且要不断更新文件；因此，用户必须让 Dreamweaver 了解自己的网站配置情况，以便让它自动完成这些工作。

3）制作网页并将某个网页作为网站的入口网页，即主页。尽管在 Dreamweaver 中用户可将任何一个网页设置成主页；但是，由于很多 ISP 要求将主页名称命名为 index.html；因此，用户最好遵守此规定。

4）在某个 ISP 处申请一块地皮（空间），此时网站就有了自己的域名。请留意 ISP 授予的 FTP 服务器名称、用户名、口令。

5）利用 Dreamweaver 将计算机上的站点内容上传到所申请的空间中。

以后的工作就是网站维护了，主要包括改进创建的网页、制作新网页、同步更新网站内容等。

任务 2　认识网页制作工具

知识点：网页编辑工具及图像、动画制作工具

1. 网页编辑工具

过去的网页一般是专业人员利用 HTML 语言编写实现的。目前已出现多种可视化程度很高的网页制作工具，设计者不需要掌握专业的网页制作技术也能创作出富有特色、动感十足的网页。

1）FrontPage

FrontPage 是 Microsoft 公司出品的入门级网页编辑软件。FrontPage 支持所见即所得的编辑方式，它不需要用户掌握很深的网页制作技术，甚至可以不了解 HTML 的语法规则。只要会使用 Word，就能很快学会使用 FrontPage，因为它的基本使用方法同 Word 很相似；可以像 Word 文档一样在文章中加入表格、图像，甚至还可以加入声音、动画和电影。FrontPage 带有的向导和模板能使初学者在编辑网页时感到更加方便。

FrontPage 最强大之处是其站点的管理功能。在更新服务器上的站点时，不需要创建更改文件的目录，FrontPage 将自动跟踪文件并复制那些新版的文件。

2）Dreamweaver

Dreamweaver 是 Macromedia 公司推出的网页制作产品，它是一个用于可视化设计与管理网页和网站的工具；支持最新的 Web 技术，包含可视化网页设计、图像编辑、全局查找替换、能处理 Flash 和 Shockwave 等媒体格式和动态 HTML。本书主要使用 Dreamweaver 工具。

3）HBuilder

HBuilder 是 DCloud（数字天堂）推出的一款支持 HTML5 的 Web 开发 IDE。HBuilder 本身主体是由 Java 编写的。快，是 HBuilder 的最大优势；通过完整的语法提示和代码输入法、代码块等，大幅提升了 HTML、CSS、JS 的开发效率。

2. 网页图像与动画制作工具

现在的网页通常具有丰富多彩的图像和动画；对于网页中的图像和动画；既要求质量高，同时又要求文件所占存储空间小。

1）Flash

Flash 是 Macromedia 公司专门为网页设计的一个交互性矢量动画设计软件。网页设计者可以随心所欲地设计各种动态 Logo（商标、图案）、动画和导航条，还可以加入动感音乐以及其他多媒体的各项功能。由于矢量图形不会因为缩放而导致影像失真，因此 Flash 在 Web 上的应用很广泛。

2）Fireworks

Fireworks 是 Macromedia 公司专门设计的 Web 图形工具软件。它可以用最少的步骤生成最小但质量很高的 JPEG 图像和 GIF 图像，这些图像可以直接用在网页上。Fireworks 是 Web 图形工具的首选软件。

3）Photoshop

Photoshop 是由 Adobe 公司出品的著名图形图像处理软件。它能够实现各种专业化的图像处理，是专业图像创作的首选软件。

4）Ulead GIF Animator

Ulead GIF Animator 是友立（Ulead）公司发布的一个动画 GIF 制作工具。它可以将多幅外部图像文件组合成动画，还具有滤镜功能、条幅文字效果等。网页设计者可使用 Ulead GIF Animator 快速、轻松地创建和编辑网页动画。

5）COOL 3D

COOL 3D 是友立（Ulead）公司推出的一款优秀的三维立体文字特效制作工具，它被广泛应用于平面设计和网页制作领域。COOL 3D 主要用于制作文字的各种静态或动态特效。

任务 3　认识网站开发流程

知识点：网站开发流程

网站设计是一个系统工程，它具有特定的工作流程，只有遵循这个流程才能设计出令人满意的网站。网站设计主要分为网站规划、网站制作和后期维护等 3 个阶段，如图 1-4 所示。

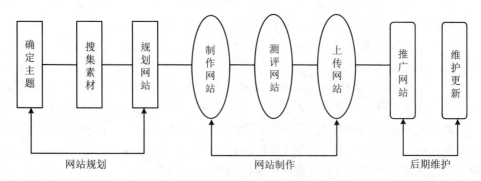

图 1-4　网站设计的工作流程

1．网站规划

1）确定网站的主题与名称

网站主题是指建立的网站所要包含的主要内容；例如，旅游、娱乐休闲、体育、新闻、教育、医疗和时尚等。其中每一大类又可进一步细化为若干小类。一般来说，确定网站主

7

题应遵循以下原则。

❖ 主题鲜明。一个网站必须要有一个明确的主题，在主题范围内做到内容全而精。

❖ 明确设立网站的目的。

❖ 体现自己的个性。设计者应该把自己的兴趣、爱好尽情地发挥出来，突出自己的
个性，办出自己的特色。

2）搜集素材

确定网站主题后就要围绕主题搜集素材，作为自己制作网页的材料。搜集的材料越多，
制作网站越容易。材料既可以从图书、报纸、光盘和多媒体上获得，也可以从网上搜集。
对搜集到的材料应去粗取精，去伪存真。

3）规划网站

规划网站时首先应把网站的内容列举出来，然后根据内容列出一个结构化的蓝图，最
后根据实际情况设计各个页面之间的链接。规划网站的内容应包括栏目的设置、目录结构、
网站的风格（即颜色搭配、网站标志 Logo、版面布局、图像的运用）等。

❖ 主题栏的设置。在设计网站的主题栏时应注意以下问题：一是要突出主题，把主
题栏放在最明显的地方，让浏览者更快、更明确地知道网站所表现的内容；二是
要设计一个"最近更新"栏目，让浏览者一目了然地了解更新内容；三是栏目不
要设置太多。

❖ 目录结构设计。目录结构设计一般应注意以下问题：一是要按栏目内容建立子目
录；二是每个目录下分别为图像文件创建一个子目录 images（图像较少时可不创
建）；三是目录的层次不要太深，主要栏目最好能直接从首页到达；四是尽量使
用意义明确的非中文目录。

❖ 版面布局。网页页面的整体布局是不可忽视的。设计网站时应合理地运用空间，
让网页疏密有致、井井有条。版面布局一般应遵循以下原则突出重点、平衡和谐；
应首先将网站标志（Logo）、主菜单等最重要的模块放在突出的位置，然后再排
放次要模块（例如，搜索、友情链接、计数器、版权信息和 E-mail 地址等）。此
外，其他页面的设计应和首页保持相同的风格，并有返回首页的链接。

❖ 网站标志 Logo。Logo 最重要的作用就是表达网站的理念、便于人们识别，可以
广泛地用于站点的链接和宣传。如同商标一样，Logo 是站点特色和内涵的集中体
现。如果设计的是企业网站，最好在企业商标的基础上设计，保持企业形象的整
体统一。设计 Logo 一般应遵循以下原则：以简洁的、符号化的视觉艺术把网站的
形象和理念展现出来。如图 1-5 所示是一些网站的 Logo。

❖ 颜色搭配。网页选用的背景应和页面的色调相协调，色彩搭配要遵循和谐、均衡、
重点突出的原则。

❖ 图像的运用。网页上应适当地添加图像。使用图像时一般应注意以下问题：一是
图像是为主页内容服务的，不能喧宾夺主；二是图像要兼顾大小和美观，图片不
仅要好看，还应在保证图片质量的前提下尽量缩小图片的大小（即字节数），图
像过大将影响网页的传输速度；三是应合理地使用 JPEG 格式和 GIF 格式的图像，

颜色较少的（256 色以内）图像可处理为 GIF 格式，色彩比较丰富的图像最好处理为 JPEG 格式。

网易Logo　　　　　　　　　　　搜狐Logo

中国益智网Logo　　　　　　　　巨泽科技Logo

图 1-5　一些网站的 Logo

2．网站制作

1）制作网站

制作网站主要包括以下步骤。

❖　建立本地站点。首先建立站点根文件夹，用于存放首页、相关网页和网站中用到的其他文件。

❖　在站点根文件夹下创建子文件夹，将页面文件和图像文件分开存放。

❖　在站点文件夹中新建所需要的空网页。

❖　设置网页尺寸。页面大小一般选择 800×600 规格。

❖　设置网页属性。包括页面标题、背景图像、背景颜色、链接颜色和文字颜色等。

❖　向网页中插入文本、图形图像和动画等。

❖　建立所需要的超链接。

❖　预览和保存网页。

2）上传与测评网站

上传网站与测试评估是不可分割的两部分。制作完毕的网页必须进行测试。测试评估主要包括上传前的兼容性测试、链接测试和上传后的实地测试。完成上传前所需要的测试后，利用 FTP 工具将网站发布到所申请的主页服务器上。网站上传完成后，继续通过浏览器进行实地测试；如果发现问题应及时修改，然后再上传与测试。

3）后期维护

❖　推广网站。网页上传之后，需要不断地进行宣传，以便让更多的人了解它，从而提高网站的访问率与知名度。推广网站的方法很多；例如，利用 E-mail、新闻组、友情链接、到搜索引擎上注册、加入交换广告等。

❖　维护更新。网站必须定期维护、定期更新；只有不断地补充新内容，才能吸引浏览者。同时，随着软硬件的升级，网页的设计也应由文字向多媒体、由平面图像向立体动画或影片、由单向传播向交互传播发展。

【上机操作 1】

1. 在浏览器中打开一个 HTML 文件，查看其源代码。
2. 上网浏览，分析不同网站的风格和站点实现的特点。
3. 上网浏览，分析不同网站的内容组织上的特点。

【理论习题 1】

1. 什么是网页？什么是主页？
2. 什么是 HTML？什么是 CSS？什么是 JavaScript？
3. 试列举 5 个熟悉网站的 URL 地址。
4. 常用的网页编辑工具有哪些？常用的网页图像与动画制作工具有哪些？
5. 叙述网站制作的流程。网站规划的主要内容是什么？
6. 确定网站主题时一般要遵循哪些原则？
7. 制作网站主要包括哪些步骤？

第2章

Dreamweaver CS6 与创建管理网站

Dreamweaver 是最优秀的可视化网页设计制作工具和网站管理工具之一。它支持最新的 Web 技术，包含 HTML 检查、HTML 格式控制、HTML 格式化选项、可视化网页设计、图像编辑、全局查找替换、处理 Flash 和 Shockwave 等多媒体格式和动态 HTML、基于团队的 Web 创作等。在用 Dreamweaver 编辑网页时用户可以选择可视化方式或者源码编辑方式来进行页面开发。

资源文件说明：本章案例、实训、习题等所有资源都可通过扫描二维码获得，源文件素材放在"chap2\源文件-chap2"文件夹中。制作完成的文件放在"chap2\完成文件-chap2"文件夹中。读者实操时将"源文件-chap2"文件夹复制到本地磁盘（例如，D:）中，并将文件夹改为"学习者姓名-chap2"（例如，刘小林-chap2）。

任务 1 了解 Dreamweaver CS6 的安装

知识点：Dreamweaver CS6 安装、启动与退出

1. 安装 Dreamweaver CS6

安装过程很简单，只需双击 setup.exe 安装文件，然后根据屏幕窗口中的提示操作即可完成安装。

2. 启动 Dreamweaver CS6

❖ 在 Windows 桌面的"开始"菜单中选择|【程序】|Adobe Master Collection|Adobe Dreamweaver CS6 命令。

❖ 双击桌面上的 Adobe Dreamweaver CS6 快捷方式图标。

3. 退出 Dreamweaver CS6

退出 Dreamweaver CS6 方法有以下 3 种。单击标题栏上的"关闭"按钮。选择"文件"|"退出"命令。双击标题栏左上角的 Dreamweaver CS6 图标。按 Alt+F4 组合键。

任务 2　认识工作窗口、文档窗口和浮动面板

Dreamweaver CS6 提供了可视化的网页开发环境，具有所见即所得的功能。它的工作窗口非常简单，功能面板及工具栏几乎集中了所有的重要功能，面板均可以任意摆放；为用户制作、编辑网页提供了很大的方便。

知识点：介绍工作窗口、文档窗口和浮动面板

1. 工作窗口

Dreamweaver CS6 的工作窗口一般包括标题栏、菜单栏、属性栏、面板组、属性检查器和文档编辑窗口等，如图 2-1 所示。

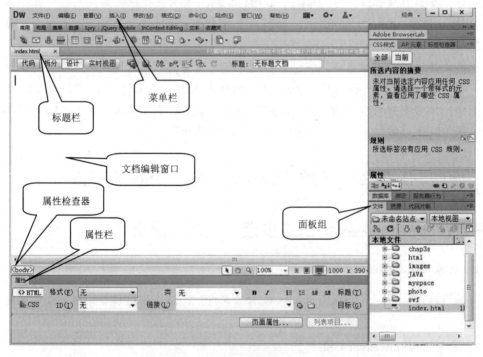

图 2-1　Dreamweaver CS6 的工作窗口

1）标题栏
标题栏可显示当前正在编辑的网页名称与文件名。

2）菜单栏

与大多数应用程序一样，菜单栏中的每一项均有一个下拉菜单，Dreamweaver CS6 的大部分操作均可通过菜单栏中的下拉菜单实现。

2. 文档窗口

文档窗口用于显示当前创建或编辑的网页文档，即文档编辑窗口。在文档窗口中编辑网页时，显示的效果与在浏览器中浏览时非常相似。

1）文档标题栏

文档标题栏用于显示当前网页的文件名。当同时打开多个网页文件时，文件名以选项卡形式呈现，选择某一文件名选项卡，可以转换到相应的网页编辑界面。当文件修改后还未保存时，文件名后将出现一个"*"号。如果编辑的是一个新网页，则在命名前系统会自动将该文件命名为 Untitled-X（X 是按顺序产生的数字）。

2）文档工具栏

文档工具栏包含可在代码视图、设计视图之间快速切换的按钮，并包含一些与选定的视图有关的常用命令，如图 2-2 所示。其中按钮右下方有黑色小三角形的代表一组工具，单击它可打开一个下拉菜单。文档工具栏各工具按钮的功能及含义，如表 2-1 所示。

图 2-2　文档工具栏

表 2-1　文档工具栏各工具按钮的功能及含义

名　　称	功能或含义
显示代码视图	查看和编辑 HTML 源代码
同时显示代码视图与设计视图	代码视图显示在上方，设计视图显示在下方。可以通过选择"视图选项"|"在顶部查看设计视图"命令来更改这一顺序
显示设计视图	用于编辑和查看设计效果，它是 Dreamweaver CS6 编辑过程中的默认方式，可达到所见即所得的效果
实时视图	实时显示网页的实际所得效果
网页标题	显示或编辑当前网页的标题
文件管理	文件的上传、下载等操作
在浏览器中预览/调试	在浏览器中预览网页效果或检查错误
刷新设计视图	当在代码视图中对代码进行修改时，用于刷新设计视图，使之与代码同步
视图选项	为不同的视图设置选项
可视化助理	用于显示或隐藏可视化助理
验证标记	验证 HTML 标记是否有错误
错误检查	检查浏览器的兼容性问题

3）页面编辑区

用于设置和编辑页面内的文本、图形和表格等。

4）状态栏

通过状态栏可以选择标记、设置窗口显示比例以及调整文件的下载速度。

5）标准工具栏

标准工具栏由一些常用的工具按钮组成，通过选择"查看"｜"工具栏"｜"标准"命令，可以打开或关闭标准工具栏。

3. 浮动面板

Dreamweaver CS6 提供了多种具备不同功能的浮动面板，大量烦琐的操作可通过浮动面板简便地完成。浮动面板包括属性面板、文件面板、CSS 样式面板、框架面板、标签检查器面板、代码检查器面板、应用程序面板、历史面板等。所有的浮动面板都可以由"窗口"｜"隐藏面板/显示面板"命令隐藏或显示。

1）属性面板

属性面板是使用频率最高的一个浮动面板。属性面板中的项目是随着网页中选定对象的不同而改变的。在属性面板中，详细地列出了所选对象的属性参数，用户可以通过属性面板查看、设置或修改这些参数。选择"窗口"｜"属性"命令或按 Ctrl+F3 快捷键，可以显示或隐藏属性面板。如图 2-3 所示是图像对象的属性面板。

图 2-3 属性面板

2）面板组

常用的面板组显示在 Dreamweaver CS6 窗口的右侧，如图 2-4 所示。单击对应的 ▶ 按钮可以打开面板。面板打开后，其右上角均有一个"菜单"按钮，单击它可打开面板菜单。大部分面板可以使用面板菜单中的选项进行重新组合。下面介绍面板的功能。

图 2-4 面板组

❖ 文件面板：默认状态下，文件面板由文件、资源和代码片断 3 个子面板构成。其中，文件子面板包括站点或文件夹选择下拉列表、视图选择下拉列表、站点管理工具栏、视图内容显示区等；用于创建站点、管理站点文件和文件夹、提供本地磁盘中全部文件的浏览视图，类似于 Windows 的资源管理器。资源子面板中列出了当前站点中所用的各种资源，例如，图片、颜色、超链接、Flash、脚本、影片、模板和库等；便于查看和使用这些资源。代码片断子面板分类给出了系统自带的脚本代码模块供开发者使用。

❖ CSS 样式面板：CSS 样式面板用于指定网页元素在浏览器中的显示外观。默认状态下，CSS 样式面板由 CSS 样式和 AP 元素两个子面板构成。CSS 样式子面板中可以方便地定义 CSS 样式和管理 CSS 样式。AP 元素子面板中列出了当前网页中的层对象列表和叠放优先顺序（先建立的层位于列表的底部，最后建立的层位于列表的上部）。通过使用 AP 元素子面板可以防止层重叠，可以改变层的可见性和叠放顺序。

❖ 框架面板：框架面板以一种在文档窗口中不能显示的方式显示框架集的层次结构。在框架面板中，框架集边框是粗三维边框，框架边框则是细灰线边框；每个框架通过不同的框架名称识别。用户可以在框架面板中快速、直观地选定网页的框架对象。如果当前文档中没有使用框架结构，打开的框架面板中会显示"（不包含框架）"字样。

❖ 标签检查器面板：默认的标签检查器面板由标签和行为两个子面板组成。标签子面板用于分类显示当前对象可使用的各种标签及属性；用户可以通过单击类型前面的"+"按钮展开，并对标签的属性值进行设定或修改。行为子面板用于显示当前所使用的行为，是编辑网页中由特定事件触发交互行为的地方。它能为网页添加很多特殊效果；单击"+"按钮右下方的黑色小三角形按钮可添加新的行为，当选中某一行为时，通过单击"-"按钮可以将其删除。

❖ 代码检查器面板：默认状态下，代码检查器面板显示时是以独立窗口形式浮动在工作窗口中的。代码检查器中列出了当前网页文件的 HTML 代码，不同的 HTML 代码用不同的颜色显示。习惯于编辑 HTML 代码的用户可以在这里轻松自如地查看或编辑网页文件的 HTML 代码。

❖ 应用程序面板：应用程序面板提供了数据库连接、绑定记录集、添加服务器行为等制作动态网页的功能，借助它可以不用编写服务器代码就能完成动态网站的开发。

❖ 历史面板：历史面板中记录了用户最近所做的 50 次操作（可以通过选择"编辑"|"首选参数"命令来修改这一数值）。通过历史面板，用户可以任意撤销或重复所做过的操作。

任务 3　创建并管理网站

在开始制作网页之前，一般先定义一个本地站点，然后再进行后续操作。一个网站一般包含图像、网页文件和 Flash 动画等元素；因此，建立站点的实质就是在硬盘上建立一个文件夹，将站点内的所有网页与相关的文件均存放在该文件夹之中，以便进行网页的制作与管理。

知识点：创建站点

1. 站点文件的规划

一个网站里面会有很多不同类型的文件，为了便于进行管理和更新，在建立站点之前，应该先规划一下网站的结构。一般来说，整个站点是一个大的文件夹，称为站点根文件夹。

在站点根文件夹下建立一个合理的文件结构来存放所有与网站相关的资料。通常，对站点文件的规划有如下两种方法。

（1）按照文件的类型进行规划。例如，可以将所有的网页素材、图像、插件、模板等分别放在各自的文件夹下，以便查找。例如，图像素材存放在 images 文件夹中。

（2）按照网页主题进行规划，便于日后更好地管理站点。

下面是建立目录结构的一些建议。

❖ 不要将所有的文件都存放在根文件夹下，那样会造成文件管理混乱。

❖ 在每个主栏根文件夹下都建立独立的 images 文件夹。

❖ 按栏目内容建立根文件夹。

❖ 文件夹的层次不要太深。

❖ 不要使用中文命名文件夹。

2. 创建站点

执行下面的操作可以创建站点。

1）设置站点存放位置（即站点根文件夹）

本地站点需要一个本地的站点根文件夹，以确定存放站点所需要的文件的存储位置。例如，在"我的电脑"中的 D 盘下建立本地站点根文件夹 chap2。

2）建立 Dreamweaver 站点

启动 Dreamweaver CS6 工作窗口，在菜单栏中选择"站点"|"新建站点"命令，弹出"站点设置对象未命名站点 1"对话框，选择"站点"命令，在"站点名称"文本框中输入公司网站，在"本地站点文件夹"文本框中输入 D:\学习者姓名-chap2（或单击"本地站点文件夹"文本框右侧 按钮，在打开的对话框中选择"D:\学习者姓名-chap2"文件夹。），如图 2-5 所示。"站点"选项中参数设置选项的含义，如表 2-2 所示。最后，单击"保存"按钮即可完成本步骤的配置。

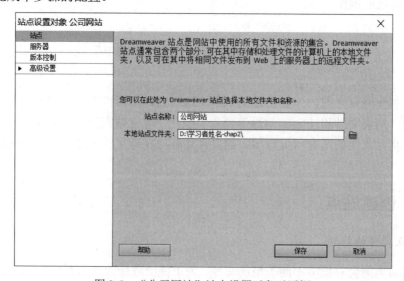

图 2-5 "公司网站"站点设置对象对话框

表 2-2　"站点"选项组中的参数设置选项的含义

项 目 名 称	含 义
站点名称	输入站点的名字
本地站点文件夹	指定本地站点所使用的文件夹

【案例 2-1】　创建如图 2-6 所示的"宝宝开心园"站点

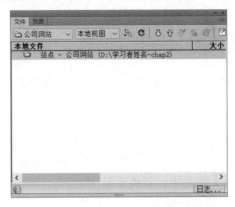

图 2-6　建立站点及站点子文件夹结果

操作步骤如下。

（1）打开"我的电脑"窗口，在 D 盘中新建文件名为"学习者姓名-chap2"的文件夹。

（2）启动 Dreamweaver CS6，在工作窗口中选择"站点"|"新建站点"命令，弹出"站点设置对象未命名站点"对话框。选择"站点"命令。

（3）在"站点名称"文本框中输入"宝宝开心园"，在"本地站点文件夹"文本框中输入 D:\ 学习者姓名-chap2（或单击右侧的"浏览"按钮，选择 D:\ 学习者姓名-chap2）作为本地站点文件夹。

（4）单击"保存"按钮。

（5）在文件面板的"宝宝开心园"站点中，选中"D:\ 学习者姓名-chap2 文件夹"并右击，在弹出的快捷菜单中选择"新建文件夹"命令，如图 2-7 所示。

图 2-7　站点子文件夹的建立

17

（6）输入文件夹名 images，此文件夹将用于存放图像文件。

（7）参照步骤（5）～（6），依次建立文件夹 css（用于存放 CSS 样式表文件）和 HTML（用于存放非首页网页文件）。

任务4　设置网页基本标记与制作网页

知识点：设置网页基本标记与制作网页

通过使用 HTML 标记语言，可以在网页产生各种指定的显示效果。下面详细介绍使用 Dreamweaver CS6 制作网页的基本知识。

1．建立新网页

主页是浏览者登录网站后显示的第 1 个页面。主页文件一般命名为 index.htm 或 default.htm。其他网页文件应放在指定的文件夹下，以便于管理。

建立 HTML 网页新文件的方法如下。

启动 Dreamweaver CS6，在"文件"面板中，选中放置网页文件的文件夹；例如，学习者姓名-chap2，右击该文件夹在弹出的快捷菜单中选择"新建文件夹"命令。

建立网页文件时应注意以下两个问题。

- ❖ 主页文件必须存放在本地站点根文件夹下。例如，本例就将首页文件存放在 D:\学习者姓名-chap2 文件夹下。
- ❖ 网页文件名、文件夹和网站内的其他文件名一般使用小写英文字母，因为 Dreamweaver CS6 不识别中文文件名，并且有些网站服务器区分英文大小写。

2．设置页面属性与设置网页基本标记

页面是由 HTML 等标记语言实现的，而网页头部元素是页面的重要组成部分。网页头部位于网页的顶部，用来设置和网页相关的信息。例如，页面标题、关键字和版权等信息。当页面执行后，不会在页面正文中显示头部元素信息。

而页面属性主要包括网页标题、网页背景图像与颜色、文本与超级链接颜色、页边距等。网页标题可以标识和命名文档；网页背景图像与颜色可以设置文档的外观；文本与超级链接颜色可以帮助浏览者区分普通文本和具有超链接的文本，并且还可以区分已经访问过和尚未访问过的超链接。

1）外观的设置

打开 Dreamweaver CS6 工作窗口，在菜单栏中选择"修改"|"页面属性"命令，或者在网页空白处右击鼠标，在弹出的快捷菜单中选择"页面属性"命令，打开如图 2-8 所示的"页面属性"对话框，在"分类"列表框中选择"外观（CSS）"选项。

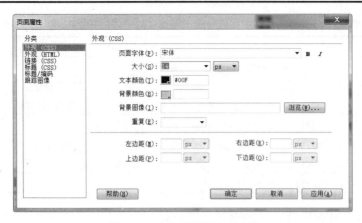

图 2-8 "页面属性"对话框

❖ 设置页面字体的属性：在"页面属性"对话框中可以设置普通文本的默认颜色与字体。

❖ 设置网页的背景图像和背景颜色：在"页面属性"对话框中可以设置网页的背景图像或背景颜色。如果同时设置背景图像和背景颜色，则背景颜色将在图像下载过程中出现。如果背景图像有透明像素，则背景颜色将一直显示。此外，当浏览者关闭了浏览器的图像显示功能时，仍然可以看到背景颜色。

📢 注意：同时设置背景图像和背景颜色的原因是，当网络速度较慢时背景图像可能显示迟缓，背景颜色将首先出现，让浏览者明白这是有图片的页面，需要等待加载。

❖ 设置页边距：在"页面属性"对话框中可以设置主体内容与网页的左边、右边、顶端、底端的距离。

2）超链接文本属性的设置

除了设置普通文本的默认颜色和字体等外，还可以设置超链接、已访问链接和活动链接的默认颜色和字体。在"页面属性"对话框的"分类"列表框中选择"链接（CSS）"选项，如图 2-9 所示。"链接"选项组中各项的含义，如表 2-3 所示。

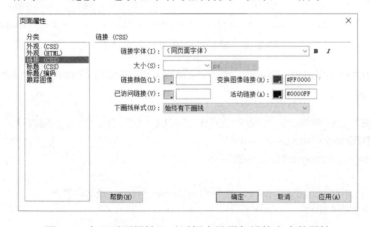

图 2-9 在"页面属性"对话框中设置超链接文本的属性

表 2-3　"页面属性"对话框中的"链接（css）"选项组中各项的含义

项 目 名 称	含　　义
链接字体	当前网页中普通文本的颜色，系统默认为黑色
大小	当前网页中超链接文本字体的大小。系统默认与普通字体的大小相同
链接颜色	当前网页中没有访问过的超链接文本的颜色，系统默认为蓝色
变换图像链接	当前网页中鼠标悬浮在超链接文本上的颜色
已访问链接	当前网页中被访问过的超链接文本的颜色，系统默认为紫色
活动链接	当超链接文本被鼠标单击时的颜色，系统默认为蓝色
下画线样式	设置超链接的下画线样式

3）<title>…</title>网页"标题/编码"的设置

对网页来说，标题非常重要，它可以帮助浏览者在浏览时了解正在访问的内容，以及在历史记录和书签列表中标识页面。

在"页面属性"对话框的"分类"列表框中选择"标题/编码"选项，如图 2-10 所示。在"标题"文本框中输入新标题，设置"文档类型"为 XHTML 1.0 Transitional；在"编码"下拉列表框中选择使用的汉字编码类型选项，这里一般选择"简体中文（GB2312）"选项，单击"确定"按钮即可。

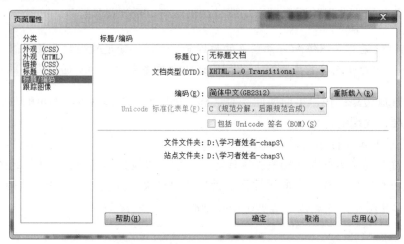

图 2-10　设置"标题/编码"对话框

此时，打开 Dreaweaver CS6 的"代码"窗口，可以看到 Dreaweaver CS6 自动生成的 HTML 代码如下：

```
<!DOCTYPE html PUBLIC "-//W3C//DTD XHTML 1.0 Transitional//EN" "http://www.w3.org/
TR/xhtml1/DTD/xhtml1-transitional.dtd">
<html xmlns="http://www.w3.org/1999/xhtml">
<head>
<meta http-equiv="Content-Type" content="text/html; charset=gb2312" />
<title>无标题文档</title>
</head>
```

```
<body>
</body>
</html>
```

❖　以上首行代码是文档类型设置，用<DOCTYPE>标记表示。本页面中定义的"文档类型"，代码如下：

```
<!DOCTYPE html PUBLIC "-//W3C//DTD XHTML 1.0 Transitional//EN" "http://www.w3.org/
TR/xhtml1/DTD/xhtml1-transitional.dtd">
```

❖　<meta>编码类型的功能是设置页面正文字符的格式，以确保页面文本内容在浏览器中正确显示。编码类型的设置是用<meta>标记表示，在此被声明的编码语言代码是：charset=gb2312。
它是简体中文页面使用的编码。本页面中定义的编码类型，代码如下：

```
<meta http-equiv="Content-Type" content="text/html; charset=gb2312" />
```

❖　<title>…</title>页面标题设置，本页面中定义的标题，代码如下：

```
<title>无标题文档</title>
```

3．网页正文<body>…</body>内容的制作

1）语法格式

网页正文是网页的主体，通过正文可以向浏览者展示页面的基本信息。正文定义了网页上显示的主要内容与显示格式，是整个网页的核心。在 HTML 等标记语言中设置正文的标记是<body>…</body>，其语法格式如下。

```
<body>页面正文内容</body>
```

2）<body>常用属性

页面正文位于头部</head>之后，<body>表示正文的开始，</body>表示正文的结束，正文通过本身属性实现指定的显示效果。正文常用属性如下。

❖　background：设置页面的背景图像。如<body text="#ff0000" topmargin =0>用于设置主体文本的颜色为红色，与网页顶端的距离为 0。

❖　bgcolor：设置页面的背景颜色。

❖　text：设置页面内文本的颜色。

❖　link：设置页面没被访问过的链接颜色。

❖　vlink：设置页面已访问过的链接颜色。

❖　alink：设置页面链接被访问时的颜色。

3）制作网页正文<body>…</body>主要内容

❖　网页标题的制作。

一个网页通常要有主题，浏览者可以通过标题了解网站的名称及网站类型。标题可以是文本，也可以是图像、动画等，一般指公司网页中的横幅。

❖ 网页导航栏的设置。

导航栏的作用是与其他网页链接，从而轻松地进入下一个页面。导航栏既可以使用文字，也可以使用图像。如果使用文字，一般要使用表格布局导航栏。

❖ 网页中文字、图像等的设置。

网页内容中除了标题和导航栏，还有文字、图像和动画等元素。可以借助"表格"来定位文字区域和图像区域。

❖ 网页中的超链接设置。

超链接是网页的灵魂，它的作用是建立网页之间的联系。通过超链接，浏览者能够方便自由地在网页、网站乃至整个 Internet 中任意遨游。通过超链接，整个因特网被连接成为一个四通八达的整体。

超链接可以是文本、一幅图像或者其他的网页元素。在网页浏览器中用鼠标单击这些对象时，将会载入一个新的页面或者跳到页面的其他位置。

4．保存、浏览网页

1）保存网页

随时保存文件是编辑任何文档时应该养成的良好习惯。在制作网页的过程中，随时有可能发生断电或机器故障，而 Dreamweaver CS6 编辑器没有自动保存功能；因此，设计者应经常保存正在编辑的网页，以避免由于意外而导致辛勤劳动付之东流。

保存网页方法：选择"文件"|"保存"命令，或单击标准工具栏上的"保存"按钮。

2）浏览网页

一个网页制作完成后，可以在浏览器中预览，并根据预览效果再对网页进行调整。

浏览网页方法：选择"文件"|"在浏览器中预览"|IExplorer 命令，或按 F12 键启动 IE 浏览器。

【案例 2-2】 制作如图 2-11 所示的"宝宝开心园"主页

图 2-11　主页浏览效果图

案例功能说明：使用 Dreamweaver CS6 工具新建 HTML 主页文件并在网页中设置网页标题，插入表格、导航栏及图文件等网页元素。

操作步骤如下（先把"源文件-chap2"文件夹中的 images 图像素材文件夹复制到 D:\学习者姓名-chap2 中）。

（1）启动 Dreamweaver CS6，在菜单中选择"站点"|"管理站点"命令，打开"管理站点"对话框，如图 2-12 所示。选择"宝宝开心园"命令，单击"完成"按钮，即站点根文件夹为"学习者姓名-chap2"。在"文件"面板中，右击"学习者姓名-chap2"文件夹在弹出的快捷菜单中选择"新建文件"命令，改名为 index.html，并双击打开"网页文件 index.html"。此时，打开代码窗口，可看到自动生成的 HTML 代码。

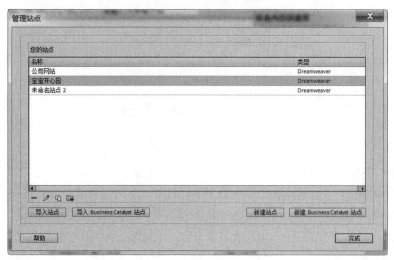

图 2-12　"管理站点"对话框

（2）设置页面标题\<title\>。如图 2-13 所示。在代码窗口中，\<title\>标签和\</title\>标签之间输入"宝宝开心园"即可。

图 2-13　在代码窗口中设置网页标题为"宝宝开心园"

（3）设置页面的属性。选择"修改"|"页面属性"命令，打开如图 2-8 所示的"页面属性"对话框，如图 2-9 所示设置超链接文本的属性，变换图像链接为蓝色（#0000FF）、活动链接为#FF6666。如图 2-10 所示设置"文档类型"为 XHTML 1.0 Transitional；设置"编码"为"简体中文（GB2312）"。其他选项保持默认值不变。单击"确定"按钮。

（4）正文开头处插入 1 行 1 列表格：在设计窗口中，光标插入点放在正文开头，在

菜单栏中选择"插入"|"表格"命令，如图 2-14 所示。在"表格"对话框中设置"行数"为 1、"列数"为 1、"表格宽度"为 700 像素，其他选项保持默认值不变。单击"确定"按钮，此时表格处于选中状态，拖动控点（黑点）可以调整表格的大小，并在"属性"面板中设置对齐方式为"居中"。

图 2-14　"表格"对话框

（5）插入图像：将光标插入点放在表格中，在菜单栏中选择"插入"|"图像"命令，弹出"选择图像源文件"对话框，如图 2-15 所示。选中"学习者姓名-chap2\images\logo.jpg"图像文件，单击"确定"按钮。（做这一步骤前，将"chap2\源文件-chap2"中的 images 文件夹复制到"D:\学习者姓名-chap2"文件夹中），查看代码窗口，可看到自动生成的 HTML 代码，代码如下：

```
<table width="700" border="0" align="center" cellpadding="0" cellspacing="0">
  <tr>
    <td><img src="images/logo.jpg" width="700" height="100" /></td>
  </tr>
</table>
```

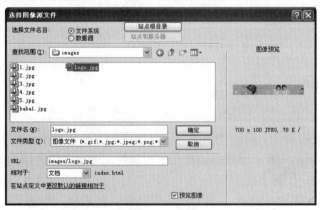

图 2-15　"选择图像源文件"对话框

注意：如果选择的图像不包含在当前站点文件夹中，则系统会弹出消息对话框提示用户将图像文件复制到站点根文件夹中，如图 2-16 所示。一定要在提示框中单击"是"按钮，在弹出的"复制文件为"对话框中将图像文件存放位置设置为当前站点根文件夹 chap2\images，单击"保存"按钮。如果单击"否"按钮，则图像在网页中不能正常显示。

图 2-16　选择是否将图像复制到站点根文件夹中

（6）在步骤（4）创建的表格下方插入第 2 个表格（1 行 4 列）：将光标插入点放在步骤（4）创建的表格的右侧，在菜单栏中选择"插入"|"表格"命令，弹出"表格"对话框，设置"行数"为 1、"列数"为 4、"表格宽度"为 700、"单位"为"像素"，其他选项保持默认值不变。单击"确定"按钮，此时表格处于选中状态，拖动控点（黑点）可以调整表格的大小，并在"属性"面板中设置对齐方式为"居中"。

（7）在表格的第 1 个单元格中单击鼠标左键，输入文字"我的首页"，然后在其他 3个单元格中分别输入"我的相册""我的乐园"和"我的朋友"，如图 2-17 所示。

图 2-17　插入了"主题"横幅和"导航栏"后的网页文档图

（8）插入第 3 个表格（1 行 2 列）：在菜单栏中选择"插入"|"表格"命令，弹出"表格"对话框，设置"行数"为 1、"列数"为 2、"表格宽度"为 700、"单位"为"像素"，单击"确定"按钮；接着，设置整个表格对齐方式为"居中"。

（9）在表格的第 1 个单元格中单击鼠标左键，在菜单栏中选择"插入"|"图像"命令，插入图像 images/baba1.jpg。查看代码窗口，可以看到代码，代码如下：

```
<img   src="images/logo.jpg" width="700" height="100" >
```

（10）在表格的第 2 个单元格单击鼠标左键，输入需要的文字；当然也可直接将

chap2\images\text.txt 中的文字复制到该单元格中。

（11）在设计窗口中，在网页的最下方按一下 Enter 键，输入制作人相关信息（所在学校：广州航海学院　专业班级：电商 2020　学号：18　制作人：小明）。

（12）设置"导航栏"文字的超链接。选中"我的首页"文字，在"属性"面板中单击"链接"右边的"浏览文件"按钮，如图 2-18 所示。打开"选择文件"对话框，选中 index.html 首页文件，单击"确定"按钮，如图 2-19 所示。用同样的方法设置"我的相册"等其他 3 项导航文本的超链接（分别为 xiangce.html、#、#）。查看代码窗口，可以看到如下代码：

```
<td align="center" ><a href="index.html">我的首页</a></td>
<td align="center" ><a href="xiangce">我的相册</a></td>
<td align="center" ><a href="#">我的乐园</a></td>
<td align="center" ><a href="#">我的朋友</a></td>
```

图 2-18　在"属性"面板中设置"链接"文件

图 2-19　"选择文件"对话框

（13）保存网页，按 F12 键浏览网页。

【实训 2-1】　创建如图 2-20 所示的宝宝相册分页

操作步骤如下。（在完成了【案例 2-2】的基础上，完成此实训题）

（1）启动 Dreamweaver CS6，在菜单中选择"站点"|"管理站点"命令，打开"管理

站点"对话框，选择"宝宝开心园"，即站点根文件夹为"学习者姓名-chap2"，单击"完成"按钮。

图 2-20　相册分页浏览图

（2）制作"我的相册"分页 xiangce.html。在"文件"面板中，右击 index.html 文件，在弹出的快捷菜单中选择"编辑"|"复制"命令；然后右击"拷贝于 index.html"文件，在弹出的快捷菜单中选择"编辑"|"重命名"命令，命名为 xiangce.html。

（3）双击打开 xiangce.html 文件，将网页的中间主体部分内容删除（相片和文字），并将表格拆分成 3 行 2 列。

（4）将表格的第 1 行单元格合并，并输入文字"宝宝相册"，设置文字格式为"标题1"。在第 2 行的单元格中分别插入图片（baby2.jpg 和 baby3.jap），在第 3 行的单元格中分别输入"游乐场""河边"，设置所有单元格的对齐方式为"水平居中"。查看代码窗口，可以看到代码，代码如下：

```
<tr>  <td  align="center"><img src="images/baby2.jpg" ></td>
      <td  align="center"><img src="images/baby3.jpg"></td>    </tr>
<tr>   <td  align="center">游乐场</td> <td  align="center">河边</td>     </tr>
```

（5）保存并浏览网页，可以看到相册分页，如图 2-20 所示。

【综合实训 2-1】 创建如图 2-21 所示的公司主页以及如图 2-22 所示的产品中心分页

图 2-21 公司主页浏览效果图

图 2-22 产品中心分页浏览效果图

操作步骤。

（1）创建一个站点"公司网站"，设置站点根文件夹 chap2s 及图像文件夹 images。

（2）在站点根文件夹下新建公司主页文件 index.html 和产品中心分页 chanping.html。

（3）如图 2-21 所示，在主页中插入表格，在表格中插入"标题栏"横幅图文件 （chap2s\images\logo.gif），输入"导航栏"文本。

（4）设置"页面属性"，如网页标题、超链接文字颜色等信息。

（5）主页中的"公司主页—最新产品"文本和分页中的"产品中心"文本要求设置为字幕滚动。

（6）如图 2-22 所示，产品分页中的图像分别为 chap2s\images 文件夹下的 pingpai .jpg、shuoti.jpg、play.jpg 等文件，要求设置"返回主页"链接到 index.html。

（7）设置"导航栏"的超链接，首页的超链接文件为 index.html，产品中心的超链接文件为 chanping.html。保存网页。

任务 5　网站上传

知识点：注册域名、申请网页空间和网站上传

1. 保存完整的 Web 站点

所谓完整的 Web 站点，是指保存在本地计算机上的站点必须具有完整性与独立性。站点文件夹必须包含所用到的全部文件。

2. 注册域名与申请网页空间

1）注册域名

简单地说，域名（Domain Name）就是 Web 站点的名字，是 Web 站点在 Internet 中的地址。执行域名解析的计算机称为 DNS（Domain Name System）服务器，功能是将域名自动转换为 IP 地址。在 Internet 中，域名是唯一的。在商界领域，域名已被誉为"企业的网上商标"。

注册域名的规则是先申请再批准。

中国互联网络中心（CNNIC）是我国 cn 域名的授权管理与运行机构，负责 cn 域名注册与国内用户注册国际 com 域名。

大家可以在 Internet 网上选择一个提供"免费域名"的网站，并从中申请域名。

2）申请主页空间

网站是建立在网络服务器上的一组 Web 文件，它需要占据一定的硬盘空间，这就是一个网站所需的网站空间。

创建本地站点之后，需要申请网页空间才能把本地站点上传到 Internet 上。

获取网页空间有如下两种方式。

（1）租用虚拟主机：适合于公司、企业和具有特殊需要的人。

（2）申请免费空间：适合于个人。

Internet 上的一些知名网站均提供免费或收费的个人网页空间。例如，以下部分站点可提供个人网页空间。

❖　ChinaRen　　　　http://www.chinaren.com/
❖　网易 netease　　　http://www.163.com
❖　首都在线　　　　http://www.263.com
❖　搜狐　　　　　　http://www.sohu.com

3. 上传本地站点

上传网页就是将制作好的网页发布到 Internet 上，即将网页文件加载到提供虚拟服务器

的 ISP（Internet Service Provider）的服务器中。上传网页前应准备好如下信息。

❖ 制作好的网页，一般是一个文件或文件夹。

❖ 上传网页的域名。

❖ ISP 服务商所提供的服务器的 URL 地址。

❖ ISP 服务商所分配的用户名与密码。

4．设置远程服务器

执行下面的操作可以设置远程站点。

（1）打开制作好的本地站点窗口，如"宝宝开心园"站点，根文件夹为"学习者姓名 -chap2"。

（2）选择"站点"|"管理站点"命令，弹出"管理站点"对话框。在站点列表中选中指定的站点，如"宝宝开心园"站点。然后单击下方的✐按钮，弹出"宝宝开心园的站点定义为"对话框。

（3）选择"服务器"选项，然后单击右下方的✐按钮，输入相应内容，如图 2-23 所示。对话框的"基本"选项组中各项的含义，如表 2-4 所示。

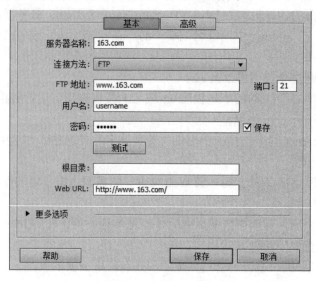

图 2-23　设置远程信息

表 2-4　"远程信息"选项组中各项的含义

名　称	含　义
连接方法	选择"FTP"选项
FTP 地址	输入 Web 服务器的 FTP 地址，当用户申请主页空间时，Web 服务器的管理员将使用 E-mail 告诉用户该地址
用户名	此选项与"密码"选项的 ISP 授权的用户名与密码是在申请网页空间时获取的，应填入申请网页空间时的用户名
密码	填入用户登录的密码

（4）单击"确定"按钮即可。

【上机操作 2】

1．定义一个本地站点，设置站点名为"我的空间"，站点根文件夹为 myspace，站点资源文件夹，如图 2-24 所示。

操作提示如下。

（1）启动 Dreamweaver CS6，选择"站点"|"新建"命令。

（2）打开"新建站点"对话框，选择"高级"选项卡命令，在"本地信息"选项组中输入站点名称为"我的空间"，根文件夹选择为 chap2\myspace。

（3）在"文件"面板或"站点"窗口中新建 images、swf、web、music 等子文件夹。

2．在第 1 题的站点根文件夹 myspace 中制作如图 2-25 所示的网页 index.html。

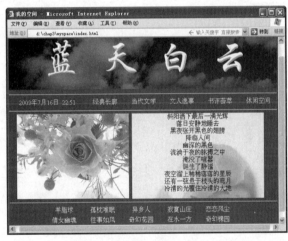

图 2-24　站点资源文件夹　　　　图 2-25　"蓝天白云"主页

3．创建并设计如图 2-26 所示的网页，文字素材在 images 文件夹中，展示英雄人物钟南山战疫记录和《榜样 7》专题节目。

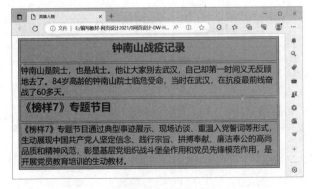

图 2-26　英雄人物

【理论习题 2】

1. 创建本地站点的作用是什么？
2. 为网站中的文件夹或文件命名时需要注意什么？
3. 网站主页的文件名一般是什么？
4. 什么是超链接？
5. 在 Dreamweaver CS6 中为网页添加标题有哪些方法？
6. 如何在网上发布一个网站？
7. 上传网页之前应准备好哪些信息？
8. 总结制作一个网站的全过程。

第3章

HTML 标记语言

HTML 即超文本标记语言（Hyper Text Mark up Language），是一种按一定格式来标记普通文本文件、图像、表格和表单等元素，使文本及各种对象能在用户的浏览器中显示出不同风格的标记性语言；从而实现各种页面元素的组合。通过使用 Dreameaver CS6，可以更加快捷地生成 HTML 代码，提高网页设计的效率。本章将详细讲解 HTML 标记语言的基本知识。

资源文件说明：所有资源都可通过扫描二维码获得，源文件素材放在 "chap3\源文件-chap3" 文件夹中。制作完成的文件都放在 "chap3\完成文件-chap3" 文件夹中。学习者实操时可将 "源文件-chap3" 文件夹复制到本地磁盘（例如，D:）中，并将文件夹改为 "学习者姓名-chap3"（例如，刘小林-chap3）。

任务 1　HTML 基础

HTML（Hypertext Markup Language）是超文本标记语言，HTML 是最基本的 Web 网页开发语言，可以用于各种操作平台。

知识点：HTML 的基本概念及其基本结构

1. HTML 概述

在客户机上看到的以.htm(或 html)结尾的 Web 页面，全部是由 HMTL 编写的，并且可以在浏览器的效果界面中，右击 "查看/源文件" 选项并选择 "查看/源文件" 命令获取页面对应的源文件代码。

HTML 不但可以在任何文本编辑器中编辑，还可以在可视化网页制作软件中制作网页时自动生成，而不用在文本编辑器中编写；HTML 还可以在文档中直接嵌入视频剪辑、音效片断和其他应用程序等。

HTML 文档包含两种信息：一是页面本身的文本，二是表示页面元素、结构、格式和其他超文本链接的 HTML 标记。HTML 由各种标记元素组成，用于组织文档和指定内容的输出格式。每个标记元素都有各自可选择的属性。所有 HTML 标记及属性都放在特殊符号 <...>中。其中语句不分大小写，甚至可以混写，还可以嵌套使用。

HTML 的主要特点如下。

（1）HTML 表示的是超文本标记语言（Hyper Text Markup Language）。

（2）HTML 文件是一个包含标记的文本文件。

（3）HTML 标记确定在浏览器中如何显示这个页面。

（4）HTML 标记必须具有 htm 或 html 格式的扩展名。

（5）HTML 文件可以使用一个简单的文本编辑器进行创建。

HTML 网页使用 HTML 语言编写，它不需要编译，由浏览器（如 IE）解释执行。HTML 网页文件的命名规则如下。

（1）只能用英文字母、数字和下画线，不能包含空格和特殊符号。

（2）名称区分大小写。

（3）网站的主页文件名为 index.htm 或 index.html。

2. HTML 的基本结构

HTML 的元素相当多，主要由标记、元素名称和属性组成。标记用来界定各种单元，大多数 HTML 单元有起始标记、单元内容、结束标记。起始标记由 "<" 和 ">" 界定，结束标记由 "</" 和 ">" 界定，单元名称和属性由起始标记给出，有些单元没有结束标记，有些单元结束标记可以省略。元素名称放在起始标记 "<" 后，不允许有空格。属性用来提供进一步的信息，它一般由属性名称、等号和属性值 3 个部分组成。

HTML 主要有如下 3 种表示方法。

（1）<元素名>元素体</元素名>。例如：<title>个人主页</title>。

（2）<元素名　属性名 1=属性值 1　属性名 2=属性值 2... >元素体</元素名>。

（3）<元素名　属性名 1=属性值 1　属性名 2=属性值 2... >元素体。

以下是一个最简单的 HTML 网页，其具体步骤如下。

（1）打开记事本，在记事本窗口中输入如下代码：

```
<!DOCTYPE>
<html>
<head>
<title>使用 HTML 编写网页</title>
</head>
<body>
这是一个用 HTML 编写的简单网页
</body>
</html>
```

（2）选择"文件"｜"另存为"命令，打开"另存为"对话框。

（3）如图 3-1 所示，在"另存为"下拉列表框中选择要保存的位置；例如，"学习者姓名-chap3"，在"文件名"文本框中输入网页文件名；例如 first.html；在"保存类型"下拉列表框中选择"所有文件(*.*)"选项，在"编码："中选择 ANSI 命令，单击"保存"按钮。

图 3-1　"另存为"对话框

（4）在"我的电脑"窗口中双击打开 first.html 文件，浏览效果如图 3-2 所示。

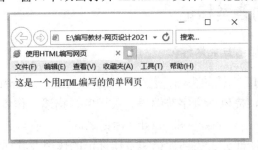

图 3-2　最简单的 HTML 网页

HTML 网页的基本结构如下。

（1）<!DOCTYPE>标记位于文档的最前面，用于向浏览器说明当前文档使用哪种 HTML 或 XHTML 标准规范。此处使用的是 HTML5 标准规范。

（2）每一个 HTML 文件均以<html>开始，以</html>结束。<html>和</html>是成对出现的，所有的文本和命令都在它们之间。

（3）<head>是网页的头部标记，通常紧跟在<html>之后。<head>与</head>之间的文本是整个文件的序言，不在浏览器中显示。

（4）<title>和</title>之间是网页的标题，浏览时将显示在 IE 浏览器的标题栏上。一个好的标题应该能使读者从中判断出该网页的大概内容。

（5）<body>和</body>之间是网页主体内容。在<body>标记中可以规定整个文档的一些基本属性，例如，bgcolor 属性用于指定文档的背景颜色，text 属性用于指定文档中文字的颜色。

（6）编写 HTML 代码时，字符不区分大小写，标记之间的空格不影响网页的显示。

任务 2　　HTML 标记详解

HTML 网页是纯文本文件，可采用文本编辑器来编辑；例如，Windows 自带的记事本或写字板等，保存时扩展名为.htm 或.html，也可以用专用的网页开发工具（如 Dreamweaver CS6、FrontPage 等）进行编写。

标记是 HTML 网页文件的主要组成部分。标记由一对尖括号 "<" 和 ">" 括起来，内含元素、属性及属性值。例如，标记<body text="#ff0000"　bgcolor="#ccff99">，其中 body 为元素，text 和 bgcolor 是 body 的两个属性，代表文本颜色和背景颜色，它们的值分别为#ff0000（红色）和#ccff99（浅黄绿色）。元素和属性之间以空格分隔，属性与属性值之间用等号相连，属性值一般用双引号括起来。标记可以不带属性，也可以有多个属性，它们之间用空格分隔。大部分标记是成对出现的；例如，<head></head>；有些则单独使用；例如，<meta>；而有些标记既可单独使用也可成对使用；例如，<p>或<p></p>。所有的 HTML标记均置于<html>和</html>之间。本节将详细讲解 HTML 语言中的主要标记，为读者后面的学习打下基础。

知识点：HTML 的各类标记

1. HTML 的头部标记与主体标记

头部标记写在 HTML 文档的头部，包括<head>、<title>、<meta>标记，用以标记网页的头部，定义网页标题，提供网页字符编码、关键字、描述、作者、自动刷新等信息。网页主体的标记为<body>，在<body>和</body>标记之间，一般含有其他标记，这些标记和标记属性构成网页的主体部分。头部标记和主体标记的作用及其属性，如表 3-1 所示。

表 3-1　头部标记与主体标记

标　记	作　　用	常 用 属 性	说　　明
<head>…</head>	标记网页的头部		<head>与</head>之间是网页的头部信息，包括<tiltl>和<meta>标记
<title>…</title>	标记网页的标题		<title>和</title>之间是网页的标题，浏览时显示在浏览器的标题栏处
<meta>	提供网页的字符编码、页面描述、关键字和刷新时间等信息	name content http-equiv	name 属性常与 content 配合使用，如<meta name="keywords" content ="电影，电视剧，VCD，DVD，MTV">用于向搜索引擎说明网页的关键词。http-equiv属性给浏览器提供一些有用的信息，以帮助它正确地显示网页内容；例如，<meta http-equiv="Content-Type" content ="text/html;charset=gb2312">用于向浏览器说明页面制作所使用的语言

续表

标　记	作　用	常用属性	说　明
<body> … </body>	标记网页的主体	bgcolor text ,link topmargin leftmargin	代表背景色、文本颜色和超链接颜色。主体内容与网页顶端、左端的距离。例如，<body text="#ff0000" topmargin=0>用于设定主体文本的颜色为红色，与网页顶端的距离为 0

2．标题文字标记<h>

网页设计中的标题是指页面中文本的标题，页不是 HTML 中的<title>标题。标题在浏览器的正方中显示，而不是在浏览器的标题栏中显示。在 Web 页面中，标题是一段文字内容的概括和核心；所以，通常使用加强效果表示。实际网页中的信息不但可以进行主、次分类，而且可以通过设置不同大小的标题，为文章增加条理。在页面中标题文字的语法格式如下所示。

```
<hn align=对齐方式>标题文字</hn>
```

其中，hn 中的 n 可以是 1～6 的整数值。取 1 时文字的字体最大，取 6 时最小；align 是标题文字中的常用属性，其功能是设置标题在页面中的对齐方式。align 属性取值有 3 种，具体如下所示。

Left：设置文字左对齐。

Right：设置文字右对齐。

Center：设置文字居中对齐。

注意：<h>…</h>标记的默认显示字体是宋体，在同一个标题行中不能使用不同大小的字体。

【案例 3-1】标题文字标记<h>

操作步骤如下（首先将"源文件-chap3"文件夹复制到本地 D 盘并改名为"学习者姓名-chap3"）。

启动 Dreamweaver CS6，新建一个站点名为"HTML 标记"，站点根文件夹为"学习者姓名-chap3"。在"文件"面板中，右击"学习者姓名-chap3"文件夹，在弹出的快捷菜单中选择"新建文件"命令，改名为 chap3-1.html 并双击打开网页文件 chap3-1.html。此时，打开代码窗口，添加 HTML 代码；完成后网页文件 chap3-1.html 代码如下：

```
<!DOCTYPE>
<html>
<head>
<title>学习者姓名-标题文字标记</title>
</head>
<body>
<h1>一级标题</h1>
<h2>二级标题</h2>
```

37

```
<h3>三级标题 </h3>
</body>
</html>
```

在浏览器中效果如图 3-3 所示。

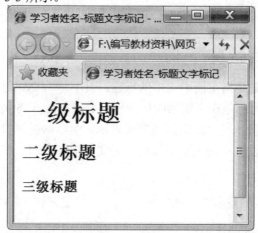

图 3-3　标题文字标记<h>浏览效果

输入代码技巧：先输入<h1>一级标题</h1>此行代码，"<h2>二级标题</h2>"代码可以用复制代码"<h1>一级标题</h1>"来完成，然后采用修改不同部分来完成，这样可以加快代码的输入。以下案例也可参考类似技巧。

3. 文本文字标记<font>

HTML 不但可以给文本标题设置大小，而且可以给页面内的其他文本设置显示方式；例如，字体大小、颜色和所使用的字体等。在网页中为了增强页面的层次，其中的文字可以用<font>标记以不同的大小、字体和颜色显示。<font>标记的语法格式如下所示。

```
<font   size=数字   face=字体名   color=颜色>被设置的文字</font>
```

其中，属性 size 的功能是设置文字的大小，取值为数字；属性 face 的功能是设置文字所使用的字体；例如，宋体、黑体等；属性 color 的功能是设置文字的颜色。

【案例 3-2】文本文字标记

操作步骤如下。

启动 Dreamweaver CS6，打开站点"HTML 标记"，即站点根文件夹为"学习者姓名-chap3"。在"文件"面板中，右击"学习者姓名-chap3"文件夹，在弹出的快捷菜单中选择"新建文件"命令，改名为 chap3-2.html 并双击此文件。此时，打开代码窗口，添加 HTML 代码，完成后此网页文件 HTML 代码如下：

```
<!DOCTYPE>
<html>
<head>
<title>学习者姓名-文本文字标记</title>
</head>
```

```
<body>
<p><font size="+6" color="#FF0000" face="黑体">党十二次大会（字体的样式 1）</font></p>
<p><font size="+3" color="#0000FF" face="宋体">中国共产党第十二次全国代表大会（字体的样式
2）</font></p>
</body>
</html>
```

在浏览器中效果如图 3-4 所示。

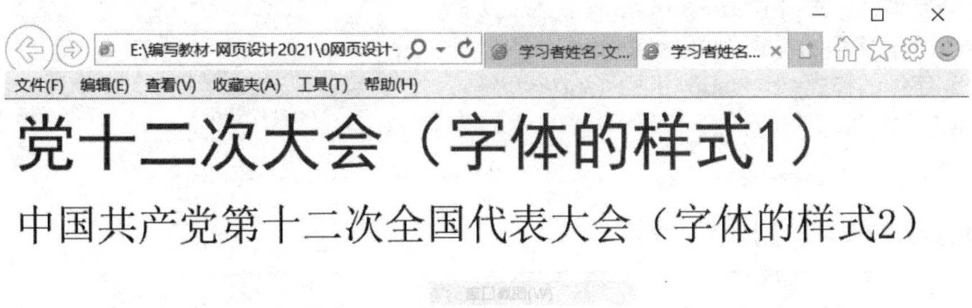

党十二次大会（字体的样式1）
中国共产党第十二次全国代表大会（字体的样式2）

图 3-4　文本文字标记<font>浏览效果图

4. 字型设置标记

网页中的字型是指页面文字的风格；例如，文字加粗、斜体、带下画线和下标等。实际常用字型标记及其功能如表 3-2 所示。

表 3-2　字型设置标记

字 型 标 记	功　能	字 型 标 记	功　能
<b></b>	粗体	<blink></ blink >	（IE 没效果）闪烁
<i></i>	斜体	<em></ em >	强调
<u></u>	下画线	<strong></ strong >	加强
	上标	<samp></ samp >	范例
	下标	<code></ code >	原始码
<tt></tt>	标准打印字体	<var></ var >	变量
<big></big>	大字体	<dfn></ dfn >	定义
<small></small>	小字体	<cite></ cite >	引用
<address></ address >	所在地址		

【案例 3-3】　字型设置标记

操作步骤如下。

启动 Dreamweaver CS6，打开站点"HTML 标记"，即站点根文件夹为"学习者姓名-chap3"。在文件面板中，右击"学习者姓名-chap3"文件夹，在弹出的快捷菜单中选择"新建文件"命令，改名为 chap3-3.html 并双击此文件。此时，打开代码窗口，添加 HTML 代码，完成后此网页文件 HTML 代码如下：

```
<!DOCTYPE>
<html>
<head>
<title>学习者姓名-字型设置标记</title>
</head>
<body>
<p><b>字型的样式-加粗 </b></p>
<p><i>字型的样式-倾斜 </i></p>
<p><u>字型的样式-下画线 </u></p>
<p><strong>字型的样式-加强 </strong></p>
<p><b>字型的样式</b> <sup>上标</sup></p>
</body>
</html>
```

在浏览器中效果如图 3-5 所示。

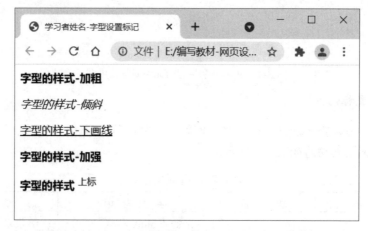

图 3-5   字型设置标记浏览效果图

5. 段落标记\<p\>

在 HTML 中，段落标记\<p\>功能是定义一个新段落的开始。它不但能使后面的文字换到下一行，还可以使两段之间多一空行。由于一段的结束意味着新一段的开始，所以使用\<p\>标记也可以省略结束标记\</p\>。段落标记\<p\>的语法如下所示。

```
<p   align=对齐方式>
```

其中，属性的功能是设置段落文本的对齐方式；align 值有 3 个取值所示。

Left：设置段落左对齐。

Right：设置段落右对齐。

Center：设置段落居中对齐。

【案例 3-4】   段落标记

操作步骤如下。

　　启动 Dreamweaver CS6，打开站点"HTML 标记"，即站点根文件夹为"学习者姓名
-chap3"。在文件面板中，右击"学习者姓名-chap3"文件夹选项，在弹出的快捷菜单中选
择"新建文件"命令，改名为 chap3-4.html 并双击此文件。此时，打开代码窗口，添加 HTML
代码，完成后此网页文件 HTML 代码如下：

```
<!DOCTYPE>
<html>
<head>
<title>学习者姓名-段落标记</title>
</head>
<body>
<p align="left">段落的样式-左对齐</p>
<p align="center">段落的样式-居中 </p>
<p align="right">段落的样式-居中 </p>
</body>
</html>
```

案例在浏览器中效果如图 3-6 所示。

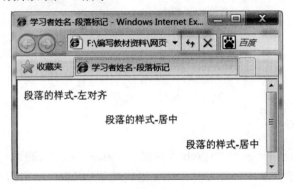

图 3-6　段落标记浏览效果图

**6．换行标记
**

　　在 HTML 中，强制换行标记
的功能是使页面的文字、图片、表格等信息在下一行
显示，而又不会在行与行之间留下空行，即强制文本换行。换行标记
通常置于一行文
本的最后。由于浏览器会自动忽略源代码中空白和换行的部分，这使
标记成为最常用
的页面标记之一。换行标记
的语法格式如下所示。

文本

**【案例 3-5】　换行标记
**

操作步骤如下。

　　启动 Dreamweaver CS6，打开站点"HTML 标记"，即站点根文件夹为"学习者姓名
-chap3"。在文件面板中，右击"学习者姓名-chap3"文件夹，在弹出的快捷菜单中选择"新
建文件"命令，改名为 chap3-5.html 并双击此文件。此时，打开代码窗口，添加 HTML 代

码，完成后此网页文件 HTML 代码如下：

```
<!DOCTYPE>
<html>
<head>
<title>学习者姓名-换行标记</title>
</head>
<body>
换行的样式 1-换行  <br> 换行的样式 2
<p>段落的样式-段落</p>
</body>
</html>
```

在浏览器中效果如图 3-7 所示。

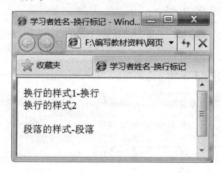

图 3-7　换行标记浏览效果图

7. 超级链接标记\<a\>

在网页中，链接是唯一从一个 Web 页到另一个相关 Web 页的途径，它由两部分组成：锚链和 URL 引用。当单击一个链接时，浏览器将装载由 URL 引用给出的文件或文档。一个链接的锚链可以是一个单词也可以是一个图片。一个锚链在浏览器中的表现模式取决于它是什么类型的锚链。

在 HTML 中，网页中的超级链接功能是由\<a\>标记实现的。它可以在网页上建立超文本链接，通过单击一个词、句或图片从此处转到目标资源，并且这个目标资源有唯一的 URL 地址。\<a\>标记的语法格式如下所示。

```
<a  href=地址  name=字符串  target=打开窗口方式>热点</a>
```

\<a\>标记常用属性的具体说明如下。

href：为超文本引用，取值为一个 URL ，是目标资源的有效地址。在书写 URL 时，需要注意的是，如果资源放在自己的服务器上，可以写相对路径。否则应写绝对路径，并且 href 不能与 name 同时使用。

name：是指定当前文档一个字符串作为链接时可以使用的有效目标资源地址。

target：是设定目标资源所要显示的窗口，其主要取值的具体说明如表 3-3 所示。

表 3-3　target 取值及功能说明

取　　值	功　　能
Target="_blank"	将链接的画面内容显示在新的浏览器窗口中
Target="_parent"	将链接的画面内容显示在父框架窗口中
Target="_self"	将链接的画面内容显示在当前窗口中
Target="_top"	将链接的画面内容显示在没有框架的窗口中
Target="框架名称"	只运用于框架中，若被设定则链接结果将显示在该"框架名称"指定的框架窗口中，框架名称是事先由框架标记所命名的

【案例 3-6】　超级链接标记<a>

操作步骤如下。

启动 Dreamweaver CS6，打开站点"HTML 标记"，即站点根文件夹为"学习者姓名-chap3"。在文件面板中，右击"学习者姓名-chap3"文件夹，在弹出的快捷菜单中选择"新建文件"命令，改名为 chap3-6.html 并双击此文件。此时，打开代码窗口，添加 HTML 代码，完成后此网页文件 HTML 代码如下：

```
<!DOCTYPE>
<html>
<head>
<title>学习者姓名-超级链接标记</title>
</head>
<body>
<p>下列各标记案例的超级链接</p>
<p><a href="chap3-2.html" target="_blank">文本文字标记案例 chap3-2.html</a></p>
<p><a href="chap3-3.html" target="_parent">字型标记案例 chap3-3.html</a></p>
<p><a href="chap3-4.html" target="_self">段落标记案例 chap3-4.html</a></p>
<p><a href="chap3-5.html" target="_top">换行标记案例 chap3-5.html </a></p>
</body>
</html>
```

在浏览器中效果图如图 3-8 所示。

图 3-8　超级链接标记浏览效果图

8．设置背景图片标记\<body background\>

背景图片是指在网页设计过程中为满足特定需求而将一幅图片作为背景的情况。无论是背景图片还是背景色，都可以通过\<body\>标记相应属性来设置。

在 HTML 中，使用\<body\>标记的 background 属性可以为网页设置背景图片。其语法格式如下所示。

```
<body  baceground=图片文件名>
```

其中，图片文件名是指图片文件的存放路径，可以是相对路径，也可以是绝对路径。图片文件可以是 JPEG 格式或 GIF 格式。

9．插入图片标记\<img\>

在 HTML 中，可以使用图片标记\<img\>把一幅图片加入网页中；使用图片标记后，可以设置图片的替代文本、尺寸、布局等属性。\<img\>标记的语法格式如下所示。

```
<img  src=文件名  alt=说明  width=x  height=y  border=n  hspace=h  vspace=v  align=对齐
方式>
```

上述\<img\>标记中常用属性的具体功能说明如下。
❖ src：指定要加入图片的文件名，即"图片文件的路径\图片文件名"格式。
❖ alt：在浏览器尚未完全读入图片时，在图片位置显示的文字。
❖ width：图片的宽度，单位是像素或百分比。通常为避免图片失真只设置其真实的大小，若需要改变大小最好事先使用图片编辑工具进行处理。
❖ height：图片的高度，单位是像素或百分比。
❖ border：图片四周边框的粗细，单位是像素。
❖ hspace：图片左右的空间，空白宽度采用像素作单位，以免文字或其他图片过于贴近。
❖ vspace：图片上下的空间，空白高度采用像素作单位。
❖ align：图片在页面中的对齐方式，或图片与文字的对齐方式。

【案例 3-7】 设置背景图 background 及网页中插入图像\<img\>

操作步骤如下。

启动 Dreamweaver CS6，打开站点"HTML 标记"，即站点根文件夹为"学习者姓名-chap3"。在文件面板中，右击"学习者姓名-chap3"文件夹，在弹出的快捷菜单中选择"新建文件"命令，改名为 chap3-7.html 并双击此文件。此时，打开代码窗口，添加 HTML 代码，完成后此网页文件 HTML 代码如下：

```
<!DOCTYPE>
<html>
<head>
<title>学习者姓名-设置背景图及插入图像标记</title>
</head>
```

```
<body background="images/bg2.jpg">
<img src="images/guzhuang5.jpg" alt="古装美女 5 效果" width="250" height="380"  hspace="5"
vspace="5" border="2" >
<img src="images/guzhuang4.jpg" alt="古装美女 4 效果" width="250" height="380"  hspace="5"
vspace="5"  border="2" >
</body>
</html>
```

在浏览器中效果如图 3-9 所示。

图 3-9　设置背景图及插入图像标记浏览效果图

10. 列表标记<ul>、<ol>和<menu>

列表是网页中的重要组成元素之一，页面通过对列表的修饰可以提供用户需要的显示效果。在当前的页面中，可以将列表细分为无序列表<ul>、有序列表<ul>和菜单列表<menu>。

1）无序列表<ul>

在网页中使用列表时，也不是随意而为的，需要根据具体情况来排列；在网页中通常将列表分为无序列表<ul>和有序列表<ol>，其中带序号标志（如数字、字母等）的列表项就是有序列表；否则，为无序列表。下面对无序列表<ul>的创建方法进行简要介绍。

无序列表<ul>中每一个列表项的最前面是项目符号；例如，"■""●"等。在页面中通常使用<ul>和<li>标记来创建无序列表。其语法格式如下所示。

```
<ul  type=符号类型>
 <li  type=符号类型 1> 第 1 个列表项</li>
```

```
<li  type=符号类型 2> 第 2 个列表项</li>
...
</ul>
```

其中，属性 type 的功能是指定每个表项左端的符号类型。在<ul>后指定符号的样式，可以设定到</ui>；在<li>后指定的符号的样式，可以设定到</li>。<li>标记是单标记，即一个表项的开始，也就是前一个表项的结束。常用的 type 属性值及其功能描述如表 3-4 所示。

表 3-4　常用的 type 属性值及其功能描述

type 取值	功　　能	type 取值	功　　能
disc	样式为实心圆显示	decimal	样式为阿拉伯数字显示
circle	样式为空心圆显示	Lower-roman	样式为小写罗马数字显示
square	样式为实心方块显示		

其中，disc，circle ，square 此三项值被应用于无序列表。

【案例 3-8】　无序列表

操作步骤如下。

启动 Dreamweaver CS6，打开站点"HTML 标记"，即站点根文件夹为"学习者姓名-chap3"。在文件面板中，右击"学习者姓名-chap3"文件夹，在弹出的快捷菜单中选择"新建文件"命令，改名为 chap3-8.html 并双击此文件。此时，打开代码窗口，添加 HTML 代码，完成后此网页文件 HTML 代码如下：

```
<!DOCTYPE>
<html>
<head>
<title>学习者姓名-无序列表标记</title>
</head>
<body>
<ul>
    <li>第一行无序列表</li>
    <li>第二行无序列表</li>
    <li>第三行无序列表</li>
</ul>
</body>
</html>
```

在浏览器中效果如图 3-10 所示。

2）有序列表<ol>

在 HTML 中，有序列表是指列表前的项目编号是按照有序顺序样式显示的；例如，1、2、3、…或Ⅰ、Ⅱ、Ⅲ、…。通过带符号的列表可以更清楚地表达信息的顺序。使用<ol>标记可以创建有序列表，列表项的标记仍为<li>。其语法格式如下所示。

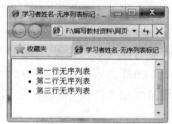

图 3-10　无序列表标记浏览效果图

```
<ol   type=符号类型>
  <li   type=符号类型 1>表项 1</li>
  <li   type=符号类型 2>表项 2</li>
  …
</ol>
```

在<ol>后指定符号的样式，可以设定到</oi>；列表项指定新的符号。常用的 type 属性值及其功能描述如表 3-5 所示。

表 3-5　常用的 type 属性值及其功能描述

type 取值	功　　能
1	设置为数字显示；例如：1、2、3
A	设置为大写英文字母显示；例如：A、B、C
a	设置为小写英文字母显示；例如：a、b、c
I	设置为大写罗马数字显示；例如：Ⅰ、Ⅱ
i	设置为小写罗马数字显示；例如：ⅰ、ⅱ

【案例 3-9】　有序列表

操作步骤如下。

启动 Dreamweaver CS6，打开站点"HTML 标记"，即站点根文件夹为"学习者姓名-chap3"。在文件面板中，右击"学习者姓名-chap3"文件夹，在弹出的快捷菜单中选择"新建文件"命令，改名为 chap3-9.html 并双击此文件。此时，打开代码窗口，添加 HTML 代码，完成后此网页文件 HTML 代码如下：

```
<!DOCTYPE>
<html>
<head>
<title>学习者姓名-有序列表标记</title>
</head>
<body>
<ol type="1">
  <li>第一行有序列表</li>
  <li>第二行有序列表</li>
  <li>第三行有序列表</li>
</ol>
<ol type="A">
  <li>第一行有序列表</li>
  <li>第二行有序列表</li>
  <li>第三行有序列表</li>
</ol>
</body>
</body>
</html>
```

在浏览器中效果图如图 3-11 所示。

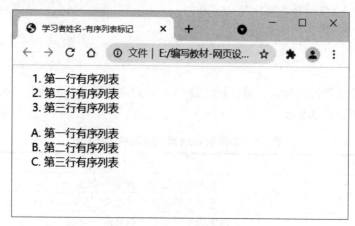

图 3-11　有序列表标记浏览效果图

3）菜单列表<menu>

在 HTML 应用中，菜单列表比无序列表更加紧凑，在实际应用中经常可以列出几个相关网页的索引，以便通过超链接来快速选取感兴趣的内容。菜单列表使用<menu>标记替代<ul>标记，并引入<lh>标记来定义菜单列表的标题。使用菜单列表的语法格式如下所示。

```
<menu>
  <lh>菜单列表的标题 1
    <li>第一个列表项
    <li>第二个列表项
  …
<lh>菜单列表的标题 2
    <li>第一个列表项
    <li>第二个列表项
  …
</menu>
```

【案例 3-10】　菜单列表标记

操作步骤如下。

启动 Dreamweaver CS6，打开站点"HTML 标记"，即站点根文件夹为"学习者姓名-chap3"。在文件面板中，右击"学习者姓名-chap3"文件夹，在弹出的快捷菜单中选择"新建文件"命令，改名为 chap3-10.html 并双击此文件。此时，打开代码窗口，添加 HTML 代码，完成后此网页文件 HTML 代码如下：

```
<!DOCTYP0045>
<html>
<head>
<title>学习者姓名-菜单列表标记</title>
</head>
<body>
```

```
<p align=center><font   color=#FF0000   size=7><b>高校校内导航</b></font></p>
<menu>                          <!--菜单列表开始-->
<lh ><font color="#0000FF" size="5">职能部门</font>
<li type=square>校长办公室
<li type=circle>教务处
<li type=disc>财务处
<li>人事处
<li>科研处
</menu>
</body>
</html>
```

在浏览器中效果图如图 3-12 所示。

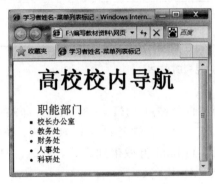

图 3-12　菜单链接标记浏览效果图

11. 表格标记<table>、<tr>、<td>和<th>

网页中表格有很大的作用，其中最重要的就是网页布局。在网页中创建表格的标记为
<table>，创建行的标记为<tr>，创建单元格的标记为<td>。表格中的内容写在<td>…</td>
标记之间。<tr>…</tr>标记用来创建表格的每一行，它只能放在<table>…</table>标记之间，
并且在里面加入的文本是无效的，上述标记的语法格式如下所示。

```
<table   align=对齐方式   border=n   width=值 height=值>
<tr>
<th>表头 1</th>
<th>表头 2</th>
...
</tr>
<tr>
<td>单元格 1</td>
<td>单元格 2</td>
...
</tr>
</table>
```

表格的整体外观显示效果由<table>标记的属性决定，常用的 type 属性值及其功能描述如表 3-6 所示。

表 3-6　常用的 type 属性值及其功能描述

Type 取值	功　能
width	设置表格宽度，单位用绝对像素值或总宽度的百分比
bgcolor	设置表格的背景色
border	设置边框宽度；不设置，则边框宽度为 0
bordercolor	设置边框颜色
bordercolorlight	设置边框明亮部分颜色（当 border 的值大于 1 时才有用）
bordercolordark	设置边框暗部分颜色（当 border 的值大于 1 才有用
cellspacing	设置单元格之间空间的大小
cellpadding	设置单元格边框与其内部内容之间空间的大小

【案例 3-11】　表格标记<table>

操作步骤如下。

启动 Dreamweaver CS6，打开站点"HTML 标记"，即站点根文件夹为"学习者姓名-chap3"。在文件面板中，右击"学习者姓名-chap3"文件夹，在弹出的快捷菜单中选择"新建文件"命令，改名为 chap3-11.html 并双击此文件。此时，打开代码窗口，添加 HTML 代码，完成后此网页文件 HTML 代码如下：

```
<!DOCTYPE>
<html>
<head>
<title>学习者姓名-表格标记</title>
</head>
<body>
<table width="400" border="1" align="center" bordercolor="#FF66FF"
bgcolor="#FFCCCC">
  <tr>
    <th>表头 1</th>
    <th>表头 2</th>
  </tr>
    <tr>
    <td align="center">单元格</td>
    <td align="center">单元格</td>
  </tr>
    <tr>
    <td align="center">单元格</td>
    <td align="center">单元格</td>
  </tr>
</table>
</body>
</html>
```

在浏览器中效果图如图 3-13 所示。

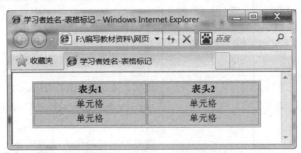

图 3-13　表格标记浏览效果图

12．HTML 表单标记

表单是网页上一个特定的区域，这个区域由一对<form>标记定义，可以包含任意的表单元素（文本框、文本区域、按钮和列表等）。表单是网页与客户端实现交互的重要手段，利用表单可以收集客户端提交的相关信息。表单标记如表 3-7 所示。

表 3-7　表单标记

标　记	作　用	常用属性	说　明
<form>…</form>	定义一个表单	action method	action 属性定义表单的处理程序（行为）。method 属性定义将表单结果从浏览器传送到服务器的方法，有 post 和 get 两种方法。get 方式的传输有数据量的限制；post 方式的传输没有数据量限制，并以文件形式传输。<form>和</form>之间可以包含任意的表单元素；例如，<form action="mailto:tlm@163.com" method="POST">…</form>，定义表单的行为为向 tlm@163.com 邮箱发送电子邮件，方法为 post
<input>	定义文本框、密码框、按钮、单选按钮、复选框、图像域、文件域、隐藏域（具体是什么，由 type 属性确定）	type id name size maxlength value	type 指定表单元素的类型，取值为 text、password、radio、checkbox、submit、reset、button、hidden、image、file，分别代表文本字段、密码域、单选按钮、复选框等。id 为表单元素的标识。name 为元素的名称。size 为字符宽度。maxlength 为可容纳的最多字符数。value 为元素的值；例如，账号：<input type="text" name="姓名"> 密码：<input name="密码" type="password"> <input type="submit" name="ok" value="提交"><input type="reset" name="reset" value="重置">
<textarea>	定义文本区域	id name cols rows	例如，<textarea name="textarea" id="textarea" cols="45" rows="5"></textarea>，定义一个 5 行 45 列的文本区域

续表

标　记	作　用	常用属性	说　明
\<select\> … \</select\>	定义列表/菜单	Id，name Size	例如，\<select name="music"\>…\</select\>
\<option\>	定义列表/菜单 项目		例如，\<select name="music"\> \<option selected="selected"\>摇滚 \<option\>流行\</select\> 定义一个有两个选项的列表

13．HTML 框架标记

框架用于网页的布局，一个网页的页面可以由多个框架构成。框架是由一对\<frameset\>标记定义的，它的两个属性为 rows 和 cols；rows 用于定义上下分割的框架大小，cols 用于定义左右分割的框架大小，单位可以用像素，也可以用百分比，"*"代表任意数值。框架页是不含\<body\>标签的。框架标记如表 3-8 所示。

表 3-8　框架标记

标　记	作　用	属　性	举　例
\<frameset\>… \</frameset\>	定义一个框架集	Rows cols frameborder border framespacing	\<frameset\>和\</frameset\>之间可以包含若干个框架，也可以包含框架集（嵌套），框架相当于一个容器，其中可以显示网页； 例如，\<frameset rows="80,*" cols="*" frameborder="no" border="0" framespacing="0"\> \</frameset\>定义了一个框架集，分为上下两个部分，上部分高 80 像素，下部分高为任意，宽度为任意，无框架边线，框架间距为 0
\<frame\>	定义框架	Src，name scrolling title	例如，\<frameset rows="80,*" cols="*" frameborder="no" border="0" framespacing="0"\> \<frame scr="page1.html" name="top"\> \<frame src="page2.html" name="main"\> \</frameset\> 上框架显示网页 page1.html，下框架显示网页 page2.html

14．其他 HTML 标记

其他 HTML 标记包括滚动字幕标记\<marquee\>、多媒体标记\<embed\>、背景音乐标记\<bgsound\>、注释标记\<!--　--\>等。其他 HTML 标记如表 3-9 所示。

表 3-9　其他 HTML 标记

标　记	作　用	属　性	举　例
\<marquee\>	定义滚动文字	direction behavior loop	例如，\<marquee direction="right" bgcolor="#FFFF00"\>这是一行从左向右滚动的文字\</marquee\>

续表

标 记	作 用	属 性	举 例
\<embed\>	定义多媒体对象	Src，width height loop	例如，\<embed width="400" height="300" src="logo.swf"\>，在一个宽 400 像素，高 300 像素的区域显示 Flash 动画"logo.swf"
\<bgsound\>	定义背景音乐	src loop	\<bgsound src="mouse1.MP3" loop="-1" autostar="true" /\> 自动开始播放背景音乐 mouse1.MP3，loop 为重复次数，-1 代表重复无限次
\<!--...--\>	添加注释		\<!--以下画水平线，宽 650 像素，线粗 10 像素--\> \<hr width="650" size="10"\>

【案例 3-12】 插入多媒体对象标记

操作步骤如下。

启动 Dreamweaver CS6，打开站点"HTML 标记"，即站点根文件夹为"学习者姓名-chap3"。在文件面板中，右击"学习者姓名-chap3"文件夹，在弹出的快捷菜单中选择"新建文件"命令，改名为 chap3-13.html 并双击此文件。此时，打开代码窗口，添加 HTML 代码，完成后此网页文件 HTML 代码如下：

```
<!DOCTYPE>
<html>
<head>
<title>学习者姓名-插入多媒体对象标记</title>
</head>
<body>
<bgsound src="images\wjn.mid" loop="-1">    <!---插入背景音乐--->
<font size="12" color="#FF0000"><marquee>字幕滚动对象</marquee></font>
<br>
<embed width="400" height="400" src="images\moveword.swf">   <!---插入 flash 动画--->
</body>
</html>
```

在浏览器中效果图如图 3-14 所示。

图 3-14 插入多媒体对象标记浏览效果图

53

【综合实训 3-1】 用 HTML 编写图 3-15 所示的"竹春图"网页

图 3-15 "竹春图"网页的预览效果

操作步骤如下（本实训所用到的素材在 chap3\images 文件夹中）。

启动 Dreamweaver CS6，打开站点"HTML 标记"，即站点根文件夹为"学习者姓名 -chap3"。在文件面板中，右击"学习者姓名-chap3"文件夹，在弹出的快捷菜单中选择"新建文件"命令，改名为 chap3s-1.html 并双击此文件。此时，打开代码窗口，添加 HTML 代码，完成后此网页文件 HTML 源代码如下：

```
<!DOCTYPE>
<html>
<head>
<title>学习者姓名-竹春图</title>
</head>
<body>
<font face="宋体" size="5">
<marquee bgcolor="#E8E8E8">虚怀若谷（滚动字幕）</marquee>
<img src="images/09.jpg" width="600" height="450" align="right">
<h1>竹</h1>
<p>虚怀千秋功过，<br>笑傲严冬霜雪。<br>一生宁静淡泊，<br>一世高风亮节。</p>
</body>
</html>
```

【上机操作 3】

1. 熟悉 Dreamweaver CS6 的工作窗口，掌握各面板打开与关闭的方法。
2. 熟悉 Dreamweaver CS6 的插入工具栏，熟悉各工具按钮。
3. 熟悉 Dreamweaver CS6 的属性面板，掌握属性面板打开与关闭的方法。

4．利用 HTML 制作一个每隔 3 分钟自动刷新的网页。

5．利用 HTML 制作一个带合并单元格的表格网页。

6．利用 HTML 制作一个会员注册的表单网页。

7．利用 HTML 制作一个带嵌套的框架网页。

8．利用 HTML 在网页中嵌入不同的多媒体元素；例如，Flash、Midi、Avi 动画、MPEG 电影等。

【理论习题 3】

1. 简答题

（1）如何显示或隐藏 Dreamweaver CS6 的工具栏？

（2）如何显示或隐藏 Dreamweaver CS6 的各种面板？

（3）HTML 的主体标记有哪些属性？

（3）HTML 的水平线标记有哪些属性？

（4）浏览器中标题栏的文字应写在 HTML 的什么标签之内？

（5）试完整地说明 HTML 中的每一个标记的含义。

2. 填空题

（1）HTML 是_____的语言。

（2）组成 HTML 主体结构的 3 对标记是_____、_____、_____。

（3）编写 HTML 网页共有_____、_____、_____3 种方法。

（4）HTML 网页的标题是通过_____标签显示的。

（5）HTML 网页的颜色是通过_____代码设置的。

（6）HTML 网页文字的字体、字号、颜色的属性标记分别是_____、_____、_____。

（7）HTML 网页的列表标记分为_____、_____两种。

（8）align 的属性值有_____。

（9）HTML 网页图像的标记是_____。

（10）在 HTML 网页中设置一个完整表格时，必不可少的 3 个标记是_____、_____和_____。

（11）在 HTML 网页中，改变移动文字的速度可以通过_____属性实现。

3. 判断题

（1）在 HTML 网页中，#33FFHH 是一个正确的十六进制颜色代码。（　　）

（2）HTML 网页的主体标记<body>和头部标记<head>是属于同一级别的标记。（　　）

（3）在 HTML 网页中，<a>href=husong@elong.com></a>是一个正确的网址链接写法。（　　）

（4）在 HTML 网页中，<?--→表示注释的写法。（　　）

（5）如果 HTML 网页中的图像无法显示，则定义 alt 属性可以让浏览者了解图像的相关信息。（　　）

（6）在 HTML 网页中，单元格的间距及单元格的边距可以分别设定。（　　）

（7）在 HTML 网页中，网页命名成"我的网页.htm"是错误的。（　　）

（8）在 HTML 网页中，<p>标记可以用于设置文字的居中。（　　）

（9）在 HTML 网页中，col 和 row 属性可以决定框架的行数和列数。（　　）

（10）在 HTML 网页中，背景音乐可以通过<embed>标记嵌入网页中。（　　）

第 **4** 章

网页编辑与超链接

文本是网页的主体部分，是向浏览者传递有效信息的最主要的方式。虽然没有图像的多彩，也没有动画的强大冲击力，但文本却包含着最详尽的内容。通过文本，浏览者可以完全明白作者想要传达哪些信息。

资源文件说明：本章案例、实训、习题等所有资源都可通过扫描二维码获得，源文件素材放在"chap4\源文件-chap4"文件夹中。制作完成的文件放在"chap4\完成文件-chap4"文件夹中。读者实操时可将"源文件-chap4"文件夹复制到本地磁盘（例如，D:）中，并将文件夹改为"学习者姓名-chap4"（例如，刘小林-chap4）。

任务 1 网页中文本的设置及其 HTML 代码

知识点：输入文本和设置文本属性及其 HTML 代码

1. 输入文本

在 Dreamweaver CS6 中，文本的输入和其他字处理程序（如 Word）基本相同。

1）输入文字

❖ 直接输入文本：在编辑窗口中将鼠标指针定位到需插入文本的位置，选择所需的输入法后输入文本。

❖ 从其他文档中复制文本：和 Word 相似，在源文档中选中需要复制的文本右击鼠标，在弹出的快捷菜单中选择"复制"命令。然后将光标定位到网页中需插入文本的位置，再次右击鼠标，在弹出的快捷菜单中选择"粘贴"命令即可完成文本的复制。

2）输入空格

在 Dreamweaver CS6 中，空格的输入与其他字处理程序稍有不同。

❖ 将中文输入法切换到全角模式，可以按"空格"键输入空格。利用 Shift+空格组合键可以切换半角与全角状态。

❖ 在"属性"面板的"格式"下拉列表框中选择"预先格式化的"选项，可以按空格键输入空格。

❖ 在代码窗口中，输入一个 ，可以表示一个空格，多个空格则可以输入多个 。

2．修饰文本

1）插入列表

Dreamweaver CS6 中的列表就是字处理软件中的"项目符号"与"项目编号"。在 HTML 中有两种类型的列表：一种是项目列表，用于软件无序的项目；另一种是编号列表，使用编号标记项目的顺序。设置列表的方法如下。

❖ 选中要设置为列表形式的文本，或将光标置于要设置为列表的段落中。

❖ 单击"文本"插入栏中的"项目列表"按钮或"编号列表"按钮，也可单击"属性"面板上的"项目列表"按钮或"编号列表"按钮。

❖ 在代码窗口中，输入 HTML 代码，无序列表即项目符号的 HTML 标记代码如下：

```
<ul >
  <li>第一行列表</li>
  <li>第二行列表</li>
  <li>第三行列表</li>
</ul>
```

2）文本的断行

在 Dreamweaver CS6 文档窗口中输入文字时，如果按 Enter 键换行，两段之间的距离比较大；为保持正常的行距，可采用插入"换行符"的方法。

❖ 将光标定位在希望换行的位置。

❖ 单击"文本"插入栏中的"字符"按钮，选择下拉列表框中的"换行符"选项，即可插入一个换行符。也可按 Shift+Enter 快捷键完成操作。

❖ HMTL 标记为<hr>，即在代码窗口中，输入<hr>为换行。

注意：如果输入的是中文，Dreamweaver CS6 将自动换行；如果输入的是英文，Dreamweaver CS6 不进行自动换行，此时必须使用 Shift+Enter 组合键进行强制换行。

3）设置文本属性

通过"属性"面板可以设置文本的字体、字号、颜色和对齐方式，并可在文档窗口中查看效果。选择要修饰的文本，在文档的底部显示文本"属性"面板，如图 4-1 所示。

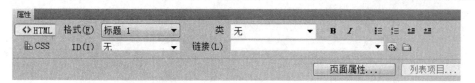

图 4-1 文本"属性"面板

❖ 设置文本的标题格式<hn>：选中要设置的标题，在"属性"面板的"格式"下拉列表框中选择所需设置的标题选项。标题共分 6 级，"标题 1"最大，"标题 6"最小；或在代码窗口中，输入 HTML 代码，HTML 标记代码如下：

```
<h1>一级标题</h1>
<h2>二级标题</h2>
<h3>三级标题</h3>
```

❖ 设置文本的字体<face>：选中需要设置的文本，在代码窗口中，输入代码<font face 时会自动弹出下拉列表，如图 4-2 所示。文本可以用<font>标记以不同的大小、字体和颜色显示。<font>标记的语法格式如下所示。

```
<font  size=数字  face=字体名  color=颜色>被设置的文字</font>
```

图 4-2 设置字体

其中，属性 size 的功能是设置文字的大小，取值为数字；属性 face 的功能是设置文字所使用的字体，例如宋体、黑体等；属性 color 的功能是设置文字的颜色。

❖ 添加新字体：如图 4-2 所示，"字体"下拉列表框中选择"编辑字体列表"选项，或在菜单栏中选择"文本"|"字体"|"编辑字体列表"命令，弹出如图 4-3 所示的"编辑字体列表"对话框。单击"+"按钮，在"编辑字体列表"下拉列表框中选择"（在以下列表中添加字体）"选项，在可用字体列表框中选择需要添加的字体选项；例如，新宋体。单击"向左箭头"按钮，新宋体便被添加到字体列表中。单击"－"按钮可以删除字体。选中某个字体，单击▲按钮或▼按钮，可以更改字体在列表中的顺序。单击"确定"按钮完成设置。

❖ 设置文本的大小 size：选中要设置的文本，在"属性"面板的"大小"下拉列表框中选择所需要的字号选项，选择要设置的单位（一般用"像素"为单位）。

❖ 设置文本的颜色 color：选择要设置的文本，单击"属性"面板中的"颜色"列表框，选择所需要的颜色选项，或在相邻的文本框中输入颜色值；例如，#3300FF（蓝色）。或在代码窗口中输入<font color="#FF00FF">

图 4-3　"编辑字体列表"对话框

❖ 设置文本的对齐方式<div align=对齐方式>：选中文本，或将光标放置在文本的起始处。在"属性"面板中单击"对齐"按钮，有左对齐、居中对齐、右对齐、两端对齐 4 种对齐方式可供选择。或者在"文本"菜单中的"对齐"选项中选择一种对齐方式选项。

❖ 设置文本的加粗<strong>或倾斜<em>：选中要设置的文本，单击"属性"面板上的"**B**"（粗体）按钮或"*I*"（斜体）按钮，可使文本加粗或倾斜；再次单击，可取消加粗或倾斜。也可直接单击"文本"工具栏上的"**B**"按钮或"*I*"按钮。

3．插入日期

Dreamweaver CS6 提供了一个方便的日期对象，该对象使用户可以插入当前日期，还可以选择在每次保存文件时都自动更新日期。

将插入点放置到要插入日期的位置，选择"插入"|"日期"命令，弹出"插入日期"对话框，选择一种日期格式，单击"确定"按钮即可，如图 4-4 所示。查看代码窗口，其HTML 代码为：

```
<!-- #BeginDate format:Ch2 -->2014 年 11 月 1 日 <!-- #EndDate -->
```

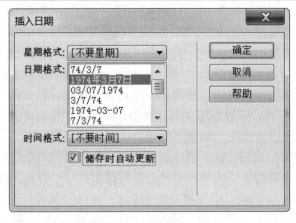

图 4-4　"插入日期"对话框

4．特殊符号

除了一般文本以外，有时还需要在网页中插入特殊字符；例如，注册商标符号®、版权符号©、英镑符号£等。在 Dreamweaver CS6 中输入特殊字符非常方便，可以直接使用文本工具栏。执行如下操作可以插入特殊符号。

（1）选择需要输入特殊字符的位置，设置插入点。

（2）选择"插入"|HTML|"特殊字符"命令或单击"文本"插入栏中的"字符"下拉箭头，如图 4-5 所示，显示特殊字符菜单。

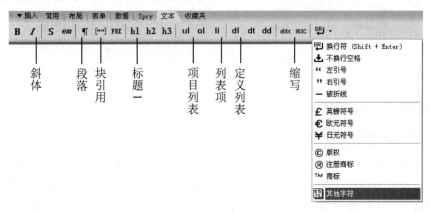

图 4-5　"文本"工具栏

（3）如果没有所需要的字符，则选择最后的"其他字符"选项，将打开"插入其他字符"对话框，可在该对话框中选择需要插入的特殊字符，如图 4-6 所示。

图 4-6　"插入其他字符"对话框

注意：通过此方法添加的特殊字符在 Dreamweaver CS6 文档窗口中显示很混乱，请不要修改；它们在浏览器中可正确显示。

5．插入水平线

水平线对于组织信息很有用。在页面上，可以使用一条或多条水平线可视方式分隔文本和对象。

1）插入水平线

将光标移到要插入水平线的位置，选择"插入"|HTML|"水平线"命令即可插入一条默认宽度和粗细的水平线。查看代码窗口其代码为：

```
<hr/>
```

2）修改水平线

选定插入的水平线，在"属性"面板中可以设置水平线的高度、宽度及对齐方式等属性，如图 4-7 所示。其 HTML 代码为：

图 4-7 水平线"属性"面板

```
<hr width="800" size="2" />
```

6．创建文本的超链接<a>

当读者在浏览某些网页时，会发现鼠标指针经过某些文本时指针的形状会发生变化，同时文本也会发生变化（如添加下画线、文本的颜色发生变化、字体发生变化等）以提示这是带链接的文本。此时单击鼠标，就会打开所链接的网页，这就是文本超链接。利用属性面板中的"链接"和"目标"选项可创建文本的超链接。

超链接<a>HTML 代码的格式如下所示：

```
<a    href=地址    target=打开窗口方式>热点</a>
```

<a>标记常用属性的具体说明如下。

href：为超文本引用，取值为一个 URL，它是目标资源的有效地址。

target：是设定目标资源所要显示的窗口。

1）创建链接

在设计窗口中，选中需要设置超链接的文本。如图 4-1 所示，在"属性"面板中单击"浏览文件"按钮，寻找指定站点中的链接文件（例如，index.html），或将"指向文件"图标拖动到"站点"窗口中的链接文件上，或从"站点"窗口中将文件拖动到链接框中，或直接在链接框中输入 URL 地址。例如，<a   href="../index.html" >。

2）设置目标

"目标"用于指定在哪个窗口或框架中打开链接文件。当前文档中的所有框架名称都将显示在"目标"列表中。例如，<a   href="../index.html"   target="_blank">。

❖ _blank 或无：表示在新的浏览窗口打开链接文件。

❖ _parent：表示在当前页面的父级窗口或包含该链接的框架窗口中打开链接文件。

❖ _self：表示在当前窗口或框架页中打开链接网页。

❖ _top：表示在当前页面所在的整个窗口打开链接文件，同时删除所有框架。

【案例 4-1】　创建如图 4-8 所示的"公司简介"网页

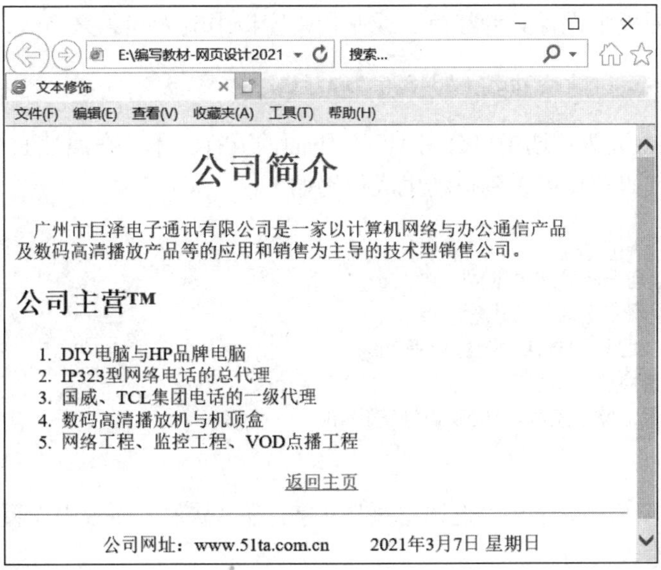

图 4-8　"公司简介"网页

案例功能说明：将纯文本素材"公司简介.html"文件按图 4-8 所示效果设置网页文本各属性。

操作步骤如下（首先将"源文件-chap4"文件夹复制到本地 D 盘并改名为"学习者姓名-chap4"）。

（1）启动 Dreamweaver CS6，新建一个站点名为"公司简介"，站点根文件夹为"学习者姓名-chap4"。双击打开 anli4-1 文件夹中的"公司简介.html"文件，并重命名为 jianjie.html 保存在 anli4-1 文件夹中。

（2）修饰标题。设置标题"公司简介"格式为标题 1，字体为宋体、颜色为粉红色（#FF00FF）、对齐方式为居中，并将"公司简介"设置为字幕滚动。方法：在代码窗口中，在"公司简介"前后分别输入 HTML 代码如下：

```
<h1 align="center"><font face=" 宋 体 " color="#FF00FF"><marquee> 公 司 简 介 </marquee></font></h1>
```

（3）修饰正文。将第 1 段设置为首行缩进两个字符（   ），第 1 行的"及数码"的前面设置强制换行（
），将 2 行文本设置字体为宋体，大小为 4。方法：在代码窗口中相应的位置，输入 HTML 代码如下：

```
<font face="宋体">  广州市巨泽电子通讯有限公司是一家以计算机网络与办公通信产品<br />及数码高清播放产品等的应用和销售为主导的技术型销售公司。</font>
```

（4）修饰"公司主营"文本并插入"商标"符号。在设计窗口中，选中"公司主营："文本，在"属性"面板中设置文本格式为标题 2；然后将插入点定在冒号前面，选择"插入"|HTML|"特殊字符"|"商标"命令即代码为：

™

在"属性"面板中设置其为红色。或在代码窗口中输入代码来完成，代码为：

```
<h2>公司主营<font color="red">&#8482;</font></h2>
```

（5）设置编号列表：选中"公司主营"下面的五行文本，在属性面板中单击"编号列表"按钮。单击代码窗口可看到自动生成代码如下：

```
<ol>
  <li> DIY 电脑与 HP 品牌电脑</li>
  <li> IP323 型网络电话的总代理</li>
  <li> 国威、TCL 集团电话的一级代理</li>
  <li> 数码高清播放机与机顶盒</li>
  <li> 网络工程、监控工程、VOD 点播工程</li>
</ol>
```

（6）在设计窗口中，选中"返回主页"文字，在"属性"面板中设置对齐方式为居中，或在代码窗口中输入代码：

```
<p align="center">
```

在"链接"下拉列表框中选择 index.html 选项，在"目标"下拉列表框中选择"_blank"选项。

（7）在设计窗口中，将光标插入点定在"返回主页"后面，选择"插入"|HTML|"水平线"命令（<hr/>）。

（8）在设计窗口中，将插入点定在"公司网址"文字后面，在"属性"面板中设置对齐方式为居中即生成的代码为：

```
<p   align="center">
```

选择"插入"|"日期"命令，按如图 4-4 所示设置各选项，星期格式设为"星期四"，日期格式设为"1974 年 3 月 7 日"，时间格式设为"不要时间"，选中"储存时自动更新"复选框，单击"确定"按钮关闭对话框。查看代码窗口可看到自动生成代码为：

```
<!-- #BeginDate format:Ch2 -->2014 年 11 月 1 日 <!-- #EndDate -->
```

（9）保存并浏览网页，效果如图 4-8 所示。jianjie.html 文件完成后，网页主体<body></body>间的 HTML 代码如下：

```
<body>
<h1  align="center"><font  face=" 宋 体 "  color="#FF00FF"><marquee> 公 司 简 介 </marquee>
</font></h1>
<font  face="宋体">  广州市巨泽电子通讯有限公司是一家以计算机网络与办公通信产
品<br />及数码高清播放产品等的应用和销售为主导的技术型销售公司。</font>
<h2>公司主营<font color="red">&#8482;</font></h2>
<ol>
```

```
    <li> DIY 电脑与 HP 品牌电脑</li>
    <li> IP323 型网络电话的总代理</li>
    <li> 国威、TCL 集团电话的一级代理</li>
    <li> 数码高清播放机与机顶盒</li>
    <li> 网络工程、监控工程、VOD 点播工程</li>
</ol>
<p align="center"><a href="index.html" target="_blank">返回主页</a></p>
<hr />
<p align="center">公司网址：www.51ta.com.cn
    <!-- #BeginDate format:fcCh2 -->2021 年 3 月 7 日 星期日<!-- #EndDate --></p>
</body>
```

任务 2　插入图像并设置图像属性及其 HTML 代码

知识点：在网页中插入图像并设置图像属性及其 HTML 代码

1．图像的基础知识

1）网页图像的格式

由于受网络带宽的限制，制作 Web 页上使用的图像都是一些压缩格式，最常用的有 GIF 格式、JPEG 格式、PNG 格式和矢量格式。下面依次对这些常用的图像格式进行介绍。

❖　GIF 格式

GIF（Graphics Interchange Format，图像交换格式）格式采用无损压缩（所谓无损压缩是指在压缩过程中图像的质量不会丢失）算法进行图像的压缩处理，是目前在网页设计中使用最普遍、最广泛的一种图像格式。使用 GIF 格式不必考虑用户使用的平台，不管是 PC 机还是苹果机都可以使用 GIF 格式图像。

GIF 格式图像既支持透明颜色，也支持动画。此外，GIF 图像还支持隔行扫描格式，即浏览器先按 1、3、5、7、9、…行载入图像的粗略概貌，然后继续载入 2、4、6、8、10、…行完成全部图像的载入。GIF 文件在浏览器中的显示是逐渐清晰的。

相对来说，GIF 图像的质量比 JPEG 图像的质量差一些。GIF 格式文件的扩展名为.gif。

❖　JPEG 格式

JPEG（Joint Photo Expert Graphics，联合图形专家组图片格式）格式是另一种在 Web 上广泛应用的图像格式。由于它支持的颜色数几乎没有限制，因此适用于使用真彩色或平滑过渡色的照片和图片。与 GIF 格式采用无损压缩不同，JPEG 格式使用有损压缩来减小图片文件的大小，因此用户将看到随着文件的减小，图片的质量也降低了。这也是 JPEG 格式的一个典型特点，即可以控制图片的压缩比率。

与 GIF 格式不同，JPEG 图像既不支持透明颜色属性，也不支持动画。JPEG 文件一般要比 GIF 或 PNG 文件大一些，其扩展名为.jpg 或.jpeg。

❖　PNG 格式

PNG（Portable Networks Graphics，可携网络图形格式）格式支持颜色索引、灰度、真

65

彩色图像和透明 alpha 通道。PNG 是 Fireworks 的一种本地文件格式。PNG 文件包含了所有的原始层、矢量、颜色和效果信息，而所有这些元素都是随时可以编辑的。

PNG 格式的文件比较大，其扩展名为.png。

❖ 矢量格式

GIF、JPEG、PNG 等格式都是标准的位图格式，但现在 Web 上还可以使用新的矢量格式。所谓位图格式是指用图片每一点的信息来描述图像，而矢量格式则是用线条和填充色等数学信息来描述图像。相比而言，矢量格式的文件要比位图格式的文件小得多，并且表现力丝毫不逊色。

除了表现一般的静态画面以外，动画是矢量格式具有巨大优势的另一个领域。GIF 动画要求占用多个图形空间，一幅显示之后再显示另一幅；而矢量动画则只要知道数学定义的线条以及曲线和颜色随时间的变化即可，这会大大减小文件占用的空间，从而节省网络资源。

目前应用最广泛的矢量格式是 Macromedia Flash 格式（扩展名为.swf），它在表现交互式矢量动画方面具有独到的优势，并且在新版本的浏览器中自动得到支持。

2）颜色原理

Dreamweaver CS6 中所有颜色拾取器均使用 212 色的 Web 安全色调色板。从调色板中选择颜色时可显示颜色的十六进制值，也可以在任何颜色区域中直接输入十六进制值。

颜色的视觉冲击力是最强的。一个网站设计得成功与否，在某种程度上取决于设计者对颜色的运用和搭配。因此，在设计网页时必须高度重视颜色的搭配。

在设计网页时，用色必须有自己的独特风格，只有个性鲜明才能给浏览者留下深刻的印象。网页颜色搭配时应注意以下问题。

❖ 使用单色：选定一种主色，通过调整颜色的饱和度和透明度，使之产生变化，使网站避免单调。

❖ 使用邻近色：邻近色就是在色带上相邻近的颜色；例如，绿色和蓝色，红色和黄色互为邻近色。采用邻近色设计网页可以使网页避免色彩杂乱，易于达到页面的和谐统一。

❖ 使用对比色：对比色可以突出重点，产生强烈的视觉效果。通过合理使用对比色能够使网站特色鲜明、重点突出。一般以一种颜色作为主色调，以对比色作为点缀，可以起到画龙点睛的作用。

❖ 黑色的使用：黑色是一种特殊的颜色，如果使用恰当、设计合理，往往能产生很强烈的艺术效果。黑色一般用于背景色，可以与其他纯度色彩搭配使用。

❖ 背景颜色的使用：背景颜色一般采用清淡素雅的色彩，避免采用花纹复杂的图片和纯度很高的色彩，同时背景颜色应与文字色彩对比强烈一些。

❖ 色彩的数量：网站用色并不是越多越好，用色太多则缺乏统一和协调。

2. 网页图像素材的搜集

1）从网页文件中提取全部图像文件

如果某些网页的图像很精美，可以把这些图像下载下来。操作方法为选择"文件"|"另

存为"命令，在弹出的"另存 Web 页"对话框中选择文件的保存位置，文件名一般采用默认的文件名，也可以重命名，保存类型默认为"Web 页，全部（*.htm;*.html）"，单击"保存"按钮即可。

2）从网页文件中提取一幅图像

如果只需要选择性地下载一些图像，操作方法为在需要下载的图像上右击鼠标，在弹出的快捷菜单中选择"图片另存为"命令，在"保存图片"对话框中选择"保存位置""文件名"和"保存类型"。

3．插入图像\<img\>及其 HTML 代码

在 Dreamweaver CS6 文档可以插入 GIF、JPEG 和 PNG 格式的图像，除了向页面中插入图像之外，还可以在表格、表单或层中插入图像。在层中插入图像，可以达到图像交叠的效果。在 Dreamweaver CS6 文档中插入图像时，将自动在 HTML 源代码中产生对该图像文件的一个引用。为保证该引用的正确，图像文件必须在当前站点中；如果图像文件不在当前站点中，Dreamweaver CS6 会自动将图像文件复制到当前站点的根文件夹下。

执行下列操作可以插入图像，注意插入的图像首先要复制到本站点文件夹的 images 文件夹中。

（1）在设计窗口中，在希望插入图像的位置单击设置插入点，选择"插入"|"图像"命令，或单击"常用"插入栏中的"图像"按钮，弹出"选择图像源文件"对话框。选取所要插入的图像文件，单击"确定"按钮。

（2）在代码窗口中，可以使用图片标记\<img\>把一幅图片加入网页中，使用图片标记后，可以设置图片的替代文本 alt、高度 height、宽度 width、布局等属性。插入图像\<img\>标记 HTML 代码的格式如下所示：

```
<img  src=文件名  alt=说明  width=x  height=y  border=n  hspace=h  vspace=v  align=对齐方式>
```

\<img\>标记中常用属性的功能说明如下。

❖　src：指定要加入图片的文件名，即"图片文件的路径\图片文件名"格式。

❖　alt：在浏览器尚未完全读入图片时，在图片位置显示的文字。

❖　width：图片的宽度，单位是像素或百分比。通常为避免图片失真只设置其真实的大小，若需要改为大小最好事先使用图片编辑工具进行处理。

❖　height：图片的高度，单位是像素或百分比。

❖　border：图片四周边框的粗细，单位是像素。

❖　hspace：图片边沿空白和左右的空间水平方向空白像素数，以免文字或其他图片过于贴近。

❖　vspace：图片上下的空间，空白高度采用像素作为单位。

❖　align：图片在页面中的对齐方式，或图片与文字的对齐方式。

4．设置图像属性

图像插入后，可以在文档窗口中直接进行修改；例如，可以使用"属性"面板为图像添加链接、添加边框、设置图像的大小、在图像周围添加间隔，以及设置图像的对齐方式等。

1）图像"属性"面板

要设置图像属性，首先在文档窗口中选中指定图像，然后选择"窗口"|"属性"命令，打开"属性"面板。通过"属性"面板右下角的"展开"按钮可以控制显示常用属性或所有属性，如图 4-9 所示。图像"属性"面板中一些项目的功能，如表 4-1 所示。

图 4-9　图像"属性"面板

表 4-1　图像"属性"面板中一些项目的功能

项 目 名 称	功　　能	
图像	图像旁边的数字代表所选图像的大小，下面的文本框可以输入所选图像的名称	
宽和高	规定了图像在页面上的大小，同时也为在浏览器中加载保留空间	
源文件	用于插入图像文件或显示当前图像文件的路径	
链接	为图像指定一个超链接。为图像创建超链接有以下 3 种方法。 一是拖动"指向文件"图标到"站点"窗口中的一个文件上。 二是单击"浏览文件"按钮，选取站点上的一个文件。 三是直接输入 URL 路径	
目标	指定链接页面将在哪个窗口或框架中打开，当图像没有超链接时该选项不可用	
对齐	在同一行上对齐文本和图像。选项及其功能如下：	
	浏览器默认	一般为基线对齐
	基线	将所选图像与文本或其他元素的基线的底部对齐
	顶端	将所选图像和当前行中最高的项目（图像与文本）对齐
	居中	将所选图像与文本的基线中间对齐
	底部	底端对齐
	文本上方	将所选图像与文本行中最高字符的顶端对齐
	绝对居中	将所选图像与当前行的绝对中部对齐
	绝对底部	将所选图像的底部与绝对底部对齐
对齐	左对齐	将所选图像放置在左边界上，文本在其右边折行显示；如果左对齐文本超过该行对象，一般会强迫右对齐对象向下折行
	右对齐	将所选图像放置在右边界上，文本在其左边折行显示；如果右对齐文本超过该行对象，一般会强迫右对齐对象向下折行
替代	浏览器中，当鼠标指向图像时，显示替代文本信息即图像的提示信息	
地图	允许用户创建客户端图像地图	

续表

项目名称	功　　能			
垂直边距与 水平边距	在图像的四周以像素为单位添加间隔。"垂直边距"将在图像顶部和底部添加间隔； "水平边距"将在图像左边和右边添加间隔			
低解析度源	指定在主要图像没有加载之前加载的图像			
边框	设置环绕图像的边框宽度，单位是像素。输入 0 表示没有边框			
编辑按钮	▲	锐化	Ps	编辑，启动外部图像编辑器编辑当前图像
	🗘	使用 Firewoeks 最优化	◐	亮度和对比度
	🔲	裁剪	🔳	重新取样。放弃外部图像编辑器编辑后的效果， 恢复原始图像

2）调整图像的大小(width　height)

在 Dreamweaver CS6 文档窗口中可以调整图像的大小，以便使页面布局更加合理、美观。

调整图像时需注意以下问题。

❖　"属性"面板的"宽"与"高"将显示图像的当前宽度和高度，调整图像的大小将重置图像的"宽"与"高"。

❖　Flash 影片和其他矢量图是可以按比例调整的，并且不会影响其品质。

❖　改变 GIF、JPEG 和 PNG 图像的"宽"与"高"时，图像可能会失真或模糊。在 Dreamweaver CS6 中调整图像的大小只是用于布局，但图像文件的实际大小不会发生改变。一旦确定了图像的理想尺寸后，应及时启动图像编辑程序调整图像的实际大小，以节省下载时间。

3）设置图像的对齐方式（align）

图像的对齐方式是指图像与文本的排放关系。执行下列操作可以设置图像的对齐方式。

❖　在文档窗口中选中图像，在图像"属性"面板中单击"左对齐"按钮、"居中"按钮或"右对齐"按钮，可使图像放置在整个页面的左侧位置、中间位置或左侧位置。

❖　在文档窗口中选中图像，在图像"属性"面板的"对齐"下拉列表框中，可设置图像与同段落或同行中的其他元素的对齐方式，如图 4-10 所示。

图 4-10　图像与其他元素的对齐设置

❖　通过<img>标记的 align 属性实现，align 各个属性值的具体说明如下。

left：设置图像居左，文本在图像的右边。

center：设置图像居中。

right：设置图像居右，文本在图像的左边。

top：设置图像的顶部与文本对齐。

bottom：设置图像的底部与文本对齐。

middle：设置图像的中央与文本对齐。

【案例4-2】 制作如图4-11所示的"水果王"网页

图4-11 "水果王"网页文档

案例功能说明：使用 Dreamweaver 及 HTML 代码设计制作完成"水果王"网页。

操作步骤如下。

（1）启动 Dreamweaver CS6，打开站点"公司简介"，即站点根文件夹为"学习者姓名-chap4"，在 anli4-2 文件夹下新建网页文件 shuiguo.html。

（2）设置页面属性。双击打开网页文件 shuiguo.html，选择"修改"|"页面属性"命令，在打开的"页面属性"对话框的"外观"选项组中，设置背景图像为 anli4-2\images\beijing.jpg。在"标题/编码"选项组中设置标题为"水果王"选项，单击"确定"按钮。或在代码窗口中，输入代码完成，代码为：

```
<body background="images/beijing.jpg">
```

（3）插入表格（2行2列）。在设计窗口中，选择"插入"|"表格"命令，在"表格"对话框中，设置行数为2、列数为2、表格宽度为800像素、边框粗细为1，"单元格边距"和"单元格间距"保持默认选项不变，单击"确定"按钮。选中整个表格，在文档底部显示的表格属性面板中设置居中对齐，设置边框颜色 bordercolor 为#CC6633。此时单击代码窗口可看到自动生成 HTML 代码为：

```
<table width="800" border="1" align="center" cellpadding="0" cellspacing="0"
bordercolor="#CC6633">
  </table>
```

（4）选中表格第 1 行的两个单元格并右击鼠标，在弹出的快捷菜单中选择"表格"|"合并单元格"命令。代码如下：

```
<td colspan="2">
```

（5）插入图像。在设计窗口中，将插入点置于合并的单元格中，选择"插入"|"图像"命令，在打开的"选择图像源文件"对话框中选择图像文件 anli4-2\images\banner.jpg（如果图像文件不在本站点文件夹中，则一定要将图像复制到本站点文件夹中）；如图 4-12 所示。此时单击代码窗口可看到自动生成 HTML 代码为：

```
<td colspan="2"><img src="images/banner.jpg" align="center"></td>
```

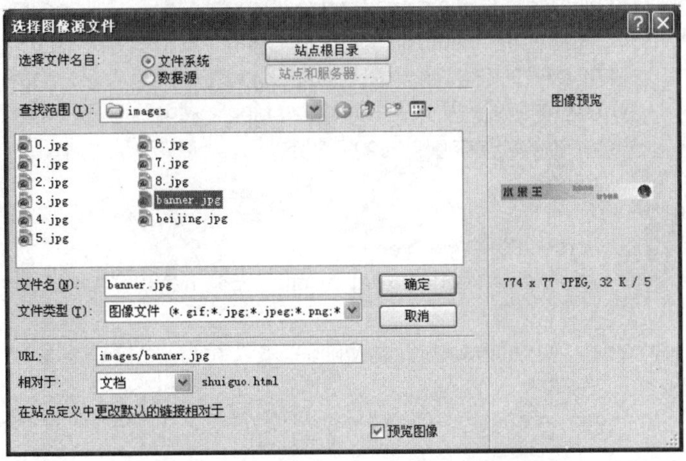

图 4-12　"选择图像源文件"对话框

（6）在单元格中插入表格（5 行 1 列）。在表格的第 2 行第 1 个单元格中单击鼠标左键，选择"插入"|"表格"命令，打开"表格"对话框，在此设置行数为 5、列数为 1、表格宽度为 150 像素，边框粗细、单元格边距和间距均设置为 0，单击"确定"按钮。在表格"属性"面板中设置居中对齐。然后，参照步骤（5），在五个单元格中分别插入 4 个导航图像文件（anli4-2\images\0.jpg、1.jpg、2.jpg、3.jpg 和 4.jpg），用鼠标拖动表格边框线上的控制点调整其高度和宽度。

（7）如图 4-11 所示，在表格的第 2 行第 2 列单元格中插入 2 行 2 列的表格，表格宽度为 100%，边框粗细、单元格边距和间距均设置为 0，整个表格居中对齐。HTML 代码如下：

```
<table width="100%" border="0" align="center">
```

（8）在 4 个单元格中分别插入 4 幅图像（anli4-2\images）。如图 4-11 所示，分别在四幅图像的右边输入相应文字。

（9）在设计窗口中，单击第 1 幅图（阳桃），在图像"属性"面板中单击"居中"按钮，在"对齐"下拉列表框中选择"顶端"选项。此时单击代码窗口可看到自动生成 HTML 代码如下：

```
<img src="images/5.jpg" width="154" height="134" align="top">阳桃(顶端对齐）。
```

用相同的方法分别选中其他 3 幅图像，在图像"属性"面板中设置其他 3 幅图像的对齐属性分别为 bottom 、center、middle。

（10）保存并浏览网页。完成后，网页主体<body></body>间的 HTML 代码如下：

```
<body background="images/beijing.jpg">
<table width="800" border="1" align="center" bordercolor="#CC6633">
  <tr>   <td colspan="2"><img src="images/banner.jpg" align="center"></td>   </tr>
  <tr> <td width="150"    valign="middle">
     <table   border="0" align="center" cellpadding="0" cellspacing="0">
        <tr>    <td height="44"><img src="images/0.jpg"></td>          </tr>
        <tr>    <td height="44"><img src="images/1.jpg"    border="0"></td>   </tr>
        <tr>    <td height="44"><img src="images/2.jpg"></td>          </tr>
        <tr>    <td height="44"><img src="images/3.jpg"></td>          </tr>
        <tr>    <td><img src="images/4.jpg"></td>            </tr>
     </table>    </td>
     <td width="634" >
<table width="100%" border="0" align="center">
        <tr>   <td ><img src="images/5.jpg" width="154" height="134"align="top">阳桃(顶端对齐）</td>
            <td ><img src="images/6.jpg"width="154" height="134" align="bottom">火龙果(底部对齐）</td>       </tr>
        <tr> <td ><img src="images/7.jpg"width="154" height="134" align="center">菠萝(居中对齐</span>)</td>
            <td><img src="images/8.jpg" width="154" height="134" align="middle">红毛丹(图像与文本中间对齐</td>         </tr>
     </table>    </td>
</tr>   </table> </body>
```

任务 3 制作图像效果和插入 Flash 电影

知识点：滚盖图、图像映射和 Flash 动画的插入

1. 制作网页中的滚盖图

浏览网页时经常会看到这样的效果：当鼠标指向某图像时，图像大小不变但图像却变化为另一幅图像；当鼠标移出该图像时，图像又会还原，一般将这类图像称为"滚盖图"。

滚盖图常用于按钮或导航条，能给浏览者一种简单的动态感觉。滚盖图实际使用了两幅图像：一幅为原始图像，该图像在页面第 1 次加载时显示；一幅为鼠标指向的图像，即当鼠标指向原始图像时所显示的图像。

设计滚盖图前应准备好两幅尺寸相同的图像。如果两幅图像的尺寸不同，Dreamweaver CS6 将自动调整第 2 幅图像的尺寸，使其与第 1 幅图像相匹配。

执行下列操作可以在网页中制作滚盖图。

（1）在设计窗口中，单击需要插入滚盖图的位置，设置插入点，选择"插入"|"图像对象"|"鼠标经过图像"命令，如图 4-13 所示，弹出"插入鼠标经过图像"对话框，如图 4-14 所示。

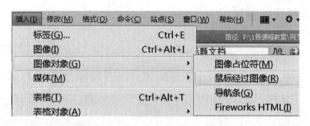

图 4-13　"鼠标经过图像"选项

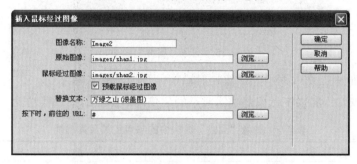

图 4-14　"插入鼠标经过图像"对话框

（2）在"插入鼠标经过图像"对话框中可进行如下设置。

❖　在"图像名称"文本框中输入滚盖图的名称，也可以使用默认设置。

❖　在"原始图像"文本框后单击"浏览"按钮并选取图像文件或直接输入第 1 幅图像文件的路径。

❖　在"鼠标经过图像"文本框后单击"浏览"按钮并选取图像文件或直接输入第 2 幅图像文件的路径。

❖　如果需要将图像预先加载到浏览器的高速缓存中，可选中"预载鼠标经过图像"复选框，此复选框默认被选中。

❖　替换文本：输入当鼠标指向图像时显示的提示信息。

❖　在"按下时，前往的 URL"文本框后，单击"浏览"按钮并选取链接文件或直接输入链接文件。如果不为图像设置链接，Dreamweaver CS6 将在 HTML 源代码的滚盖图附加行为中插入一个空链接（#），如果删除该空链接，滚盖图将不能正常显示。

❖　单击"确定"按钮。

2．创建图像映射

一幅图像一般只有一个超链接。如果希望一幅图像具有多个超链接，则必须使用图像热点进行处理；例如，在网页上插入一幅世界地图，该地图可创建多个不同的热点区域，当浏览者单击中国地区的热点时即可进入有关中国的页面，这种链接称为"图像映射"。

所谓"图像映射"（Image Map），就是把一幅图像分割为若干个区域，每个区域称为一个"热点"（Hotsport），当浏览者单击某个热点时，将引发一个动作；例如，打开一个相关的网页文件。在 Dreamweaver CS6 的设计窗口中，使用图像"属性"面板可以图形化地创建和编辑客户端图像映射如下。

执行下列操作可以创建客户端图像映射如下。

（1）在 Dreamweaver CS6 的设计窗口中，打开需要创建客户端图像映射的网页，选中图像，单击"属性"面板右下角的展开箭头按钮，以查看图像的所有属性，如图 4-15 所示。

图 4-15　图像"属性"面板

（2）在"地图"文本框中为图像映射输入一个唯一的名称。

（3）在"属性"面板中选取热点工具，创建热点。热点工具及其功能，如表 4-2 所示。

表 4-2　图像"属性"面板中的热点工具及其功能

图　标	名　称	功　能
▱	矩形热点工具	在图像上拖动鼠标创建矩形热点
◯	圆形热点工具	在图像上拖动鼠标创建圆形热点
▽	多边形热点工具	创建非规则形热点，每单击一次定义多边形的一个角，单击"指针热点工具"按钮封闭该形状
▸	指针热点工具	需要调整热点区域的大小时，单击"指针热点工具"按钮；然后拖动热点区域的控点到合适的大小；需要调整热点区域的位置时，可以单击"指针热点工具"按钮，然后按住鼠标左键拖动热点区域到合适的位置

（4）选中热点，如图 4-16 所示，在热点"属性"面板中进行如下设置。

图 4-16　设置"万绿湖"热点及其属性

❖　在链接下拉列表框后，单击"浏览文件"按钮，选取热点的链接文件。

❖　在目标下拉列表框中，选择链接文件显示的窗口。例如，选择 _blank 表示在新窗口显示链接文件。

❖ 在替换下拉列表框中输入可在浏览器中显示的提示文本信息。

❖ 设置完成后，浏览网页，当鼠标指向热点区域时，鼠标旁将显示提示信息，任务栏中将显示链接文件的路径。单击某一热点，在新窗口显示链接文件。此时，单击代码窗口，可以看到自动生成相应的 HTML 代码。

在代码窗口中，也可以输入 HTML 代码来创建图像映射 Image Map，其 HTML 代码格式如下所示：

```
<img   src="images/gdjingdian.gif"   width="538" height="470"   usemap="#Map">
<map name="Map">
<area   shape="rect" coords="293,121,353,165"   href="http://www.wanlvhu.cn" target="_blank">
</map>
```

其中的 area 表示热点区域标记，shape 表示热点区域的形状，rect 为矩形，coords 值表示矩形的 4 个点的坐标位置。

3．插入 Flash 电影

Flash 动画是一种高质量的矢量动画，要在浏览器中播放 Flash 动画，必须在浏览器中集成 Flash Player。在最新的 Netscape Navigator 和 Microsoft Internet Explorer 浏览器中，已集成了 Flash 播放器。

要插入和预览 Flash 电影，具体操作步骤如下。

（1）在代码窗口中，将插入点放在需要插入 Flash 电影的位置。

（2）输入 HTML 代码：

```
<embed src="images/logo.swf" height="200"   width="600"   loop="true">
```

【案例 4-3】　创建如图 4-17 所示的"万绿之山"网页

案例功能说明：使用 Dreamweaver CS6 及 HTML 代码创建"万绿之山"网页；例如，插入 Flash 电影、滚盖图、创建图像映射等功能。

操作步骤如下。

（1）启动 Dreamweaver CS6，打开站点"公司简介"，设置站点根文件夹为"学习者姓名-chap4"，在 anli4 -3 文件夹中新建网页文件 shan.html。

（2）设置页面标题。双击打开网页文件 shan.html，选择"修改"|"页面属性"命令，打开"页面属性"对话框。在"标题/编码"选项组中设置标题为"广东河源万绿之山"，单击"确定"按钮。

（3）在设计窗口中，插入 6 行 1 列的表格。选择"插入"|"表格"命令，打开"表格"对话框，设置行数为6、列数为1、表格宽度为600 像素，边框粗细、单元格边距和间距均为0，单击"确定"按钮。

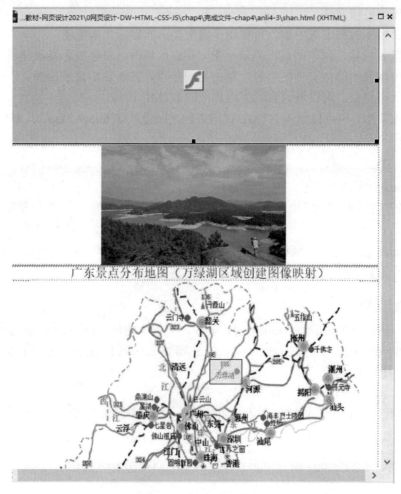

图 4-17 "万绿之山"网页文档

（4）插入 Flash 动画。将光标定在第 1 行单元格位置，单击代码窗口，在代码窗口中输入如下代码：

```
<embed src="images/logo.swf" height="200"  width="600"  loop="true">
```

或使用另一种方法：在设计窗口中，将光标定在第 1 行单元格位置，选择"插入"｜"媒体"｜Flash 命令，在打开的"选择文件"对话框中选择 images\logo.swf 文件，如图 4-18 所示。

（5）在设计窗口中，单击第 2 行单元格，选择"插入"|HTML|"水平线"命令；同样，在第 4 行单元格中也插入水平线。或在代码窗口中，在相应位置输入<hr>来插入水平线。

（6）插入滚盖图。在设计窗口中，单击第 3 行单元格，选择"插入"|"图像对象"|"鼠标经过图像"命令，打开"插入鼠标经过效果"对话框。单击"浏览"按钮，选择原始图像文件（anli4-3\images\shan1.jpg）选项，接着选择鼠标经过图像文件（anli4-3\images\

shan2.jpg）选项。在"按下时，前往的 URL"文本框中输入"#"，单击"确定"按钮，如
图 4-14 所示。对齐方式为居中对齐。

图 4-18 "选择文件"对话框

（7）在第 5 行单元格中输入文字"广东景点分布地图（万绿湖区域创建图像映射）"，
对齐方式为居中对齐。

（8）在设计窗口中，将插入点放在第 6 行单元格中，选择"插入"|"图像"命令，
在打开的对话框中选择广州地图图像文件（anli4-3\images\gdjingdian.gif）选项。对齐方式
为居中对齐。

（9）创建图像映射。在"设计"窗口中，选中"地图图像"，在如图 4-15 所示的"属
性"面板中单击"矩形热点工具"，然后在地图中的"万绿湖"周边单击并拖动到合适大
小形成一个矩形（矩形刚好围住"万绿湖"周边）。打开代码窗口，可看到自动生成的 HTML
代码如下：

```
<img src="images/gdjingdian.gif" width="538" height="470" usemap="#Map"/>
```

（10）在设计窗口中，在属性面板中的"链接"文本框中输入 http://www.wanlvhu.cn，
设置"目标"为_blank，如图 4-16 所示。打开代码窗口，可看到自动生成的 HTML 代码如下：

```
<area shape="rect" coords="296,124,349,164" href="http://www.wanlvhu.cn" target="_blank" />
```

（11）保存并浏览网页，完成后的网页如图 4-17 所示。完成后，网页主体<body>
</body>间的 HTML 代码如下：

```
<body>
<table width="600" border="0" align="center" cellpadding="0" cellspacing="0">
  <tr> <th scope="col"><embed src="images/logo.swf" height="200"  width="600"  loop="true">
</th>  </tr>
  <tr>  <td><hr /></td>  </tr>
  <tr>  <td  align="center"><a  href="#"  onmouseout="MM_swapImgRestore()"  onmouseover=
```

```
"MM_swapImage('Image1','','images/shan2.jpg',0)"><img    src="images/shan1.jpg"    width="300"
height="190" id="Image1" /></a></td>    </tr>
   <tr>       <td><hr /></td>    </tr>
   <tr>   <td align="center">广东景点分布地图（万绿湖区域创建图像映射）</td>    </tr>
   <tr>       <td   align="center"><img   src="images/gdjingdian.gif"   width="538"   height="470"
usemap="#Map" /></td>    </tr>
</table>
<map name="Map" id="Map">
    <area shape="rect" coords="296,124,349,164" href=http://www.wanlvhu.cn target="_blank" />
</map>
</body>
```

任务 4　设置超链接及其 HTML 代码

知识点：超链接的设置及其 HTML 代码

Dreamweaver CS6 提供了几种创建超链接的方式，用于创建指向文档、图像、多媒体文件或可下载软件的超链接，并可为文档内的标题、列表、表格、层或框架中的任何文本或图像创建超链接。

超链接是网页中常见且重要的元素，它能够实现页面与页面之间的跳转，有机地将网站中的每个页面联系起来。超链接由两部分组成，即源端点和目标端点。超链接中有超链接的一端称为超链接的源端点（响应鼠标单击操作的图像或文本），跳转到的页面称为超链接的目标端点（打开的新页面）。

1. 超链接的类型

超链接分为内部链接和外部链接。内部链接又称为本地链接，是指同一网站文件之间的链接。外部链接是指不同网站文件之间的链接。

（1）文档链接：指向其他文档或文件的链接；例如，图像、影片或声音文件的链接。

（2）命名锚记链接：又称为书签链接，这种链接将转到文档中的一个指定位置。

（3）电子邮件链接：这种链接将创建一个新的空白电子邮件，其中收件人地址已经填入。

（4）空链接：这种链接不会跳转到任何位置，对于附加 Dreamweaver 行为有特殊用途。

（5）脚本链接：创建执行 JavaScript 代码的链接。

2. 创建文档链接

1）创建本地链接（相对链接）

指向本站点的文件即本地链接，在执行下面操作时可以创建本地文档链接。

❖ 在文档窗口的"设计"视图中选取文本或图像。

❖ 在"属性"面板中单击"链接"右侧的"浏览文件"按钮，在弹出的"选择文件"对话框中选取链接文件，该文件的路径会自动显示在 URL 右侧的文本框中。在"相对于"下拉列表框中选择"站点根目录"选项或"文档"选项（一般选择"文档"相对路径，这也是默认选项），或者直接在"链接"文本框中输入链接文件名和路径。

❖ 在"目标"下拉列表框中选择链接文件显示的地方。HTML 代码如下：

```
<a href="red.html"  target="_blank">红玫瑰</a>
```

2）创建外部链接

创建指向其他站点的文件即外部链接，必须在"属性"面板的链接框中直接输入绝对路径，并包括正确的协议；例如，http://www.51ta.com.cn。HTML 代码如下：

```
<a href="http://www.51ta.com.cn" target="_blank">http://www.51ta.com.cn</a>
```

3．创建空链接

"空链接"也称为"无址链接"，是一个无指向的链接，不会跳转到任何地方。使用空链接可以为页面上的对象或文本附加行为；例如，当鼠标经过该链接时完成变换图像或显示某个指定层的操作。

创建空链接：首先在文档窗口中选定文本（图像或对象）；然后，在"属性"面板中的"链接"文本框中输入一个符号"#"。HTML 代码如下：

```
<a href="#">蓝玫瑰</a>
```

4．创建 E-mail 链接

如果希望浏览者在浏览网页时，只要单击 E-mail 链接就会在浏览端自动打开浏览器默认的 E-mail 处理程序，收件人的地址将会被 E-mail 链接中的指定地址自动装入，无须浏览者输入，那么就需要创建电子邮件链接。

1）创建文本的电子邮件链接

创建文本的电子邮件链接：在文档窗口的"设计"视图中，选中需要创建的 E-mail 链接文本，选择"插入"|"电子邮件链接"命令，或在"常用"插入栏中单击"电子邮件链接"按钮，弹出"电子邮件链接"对话框。

2）创建图像的电子邮件链接

创建图像的电子邮件链接：在文档窗口的"设计"视图中选取文本或图像，在"属性"面板的"链接"文本框中输入 mailto:，其后紧接着输入电子邮件地址；例如，mailto:lixiaohua@163.com。在电子邮件地址和冒号之间不能加入任何形式的空格。HTML 代码如下：

```
<a href="mailto:lihua@126.com">lihua@126.com</a>
```

5．创建下载文件的超链接

如果想让网站提供文件下载的功能，则必须建立下载文件超链接。实现文件下载的功能很简单，只需加入连接到文件的超链接即可。连接到网站中下载文件的超链接也算是内部超链接中的一种。

创建下载文件超链接：在文档窗口的"设计"视图中选取文本或图像，在"属性"面板的"链接"文本框中输入要下载的文件名（包含文件路径）或单击"浏览文件"按钮，然后选择需要的文件名；例如，xiaza.rar。HTML 代码如下：

```
<a href="images/xiaza.rar">文件下载</a>
```

6．制作书签锚记

在一些内容很多的网页中，设计者常常在该网页的开始部分以网页内容的小标题作为超链接。当浏览者单击网页开始部分的小标题时，网页将跳到内容中的对应小标题上，免去浏览者翻阅网页寻找信息的麻烦。其实，这是在网页中的小标题上添加锚记，再通过对锚记的链接来实现的。

创建书签链接包含如下两个步骤：首先，创建命名锚记；然后再创建指向该命名锚记的链接。命名锚记是在文档中设置标签，锚记一般放置在指定的主题或文档的顶部。

执行下列操作可以创建命名锚记。

❖ 在文档窗口的"设计"视图中，单击需要创建命名锚记的位置，设置插入点；例如，文档的第 1 行处。

❖ 选择"插入"|"命名锚记"命令，或在"常用"插入栏中单击"命名锚记"按钮，弹出"命名锚记"对话框。

❖ 在"命名锚记"对话框中输入锚记名称，例如，输入 top。HTML 代码如下：

```
<a name="top" id="top"></a>,
```

要创建书签锚记链接时，在"属性"面板中的"链接"文本框中输入一个符号#锚记名称。HTML 代码如下：

```
<a href="#top">回到顶部</a>
```

注意：锚记名称不能包含空格，需要区分大小写，并且锚记不能位于层中。数字和字母均可作为锚记名称，一般不用中文名。

7．创建跳转菜单

1）"跳转菜单"中的链接形式

"跳转菜单"是一种可以看见的弹出式下拉菜单，该菜单列出了链接的文档或文件。"跳转菜单"中的链接形式有如下 4 种。

❖ 链接到本地站点中的文档。

❖ 链接到其他站点中的文档。

❖　电子邮件链接。

❖　链接到其他任何可以在浏览器中打开的文档。

2）跳转菜单包括的组件

跳转菜单一般包括下面 3 种基本组件。

❖　菜单选择提示：对菜单项目的分类描述或介绍；例如，"请选择""站点导航"等。该组件是可选组件。

❖　菜单项目列表：选择其中的项目可打开链接文件。该组件是必选组件。

❖　"前往"按钮：当选中项目列表中的某一项后，单击此按钮会发生跳转。该组件是可选组件。

3）创建跳转菜单的方法

执行下列操作可以创建跳转菜单。

❖　在设计窗口中，单击需要创建跳转菜单的位置，设置插入点。

❖　选择"插入"|"表单"|"跳转菜单"命令，或在"表单"插入栏中单击"跳转菜单"按钮，弹出"插入跳转菜单"对话框，如图 4-19 所示。对话框中各项功能及其含义如表 4-3 所示。

图 4-19　"插入跳转菜单"对话框

表 4-3　"插入跳转菜单"对话框中各项功能及含义

项　　目	功能及含义
⊞ ⊟	添加、删除一个菜单项
▲ ▼	将选中的菜单项上移、下移
菜单项	显示所有菜单项提示文本和链接文件的路径
文本	输入提示文本
选择时，转到 URL	输入链接文件的路径，如 http://www.163.com
打开 URL 于	在下拉列表框中可选取打开文件的地方；例如，选取"主窗口"时将在同一窗口中打开文件
菜单名称	输入唯一的菜单名称，一般为默认值
选项	如果需要在跳转菜单后加入"前往"按钮时，应选中"菜单之后插入前往按钮"复选框
	URL 变化后，还需要选择第一项目，应选中更改 URL 后选择第一个项目

【案例 4-4】　创建如图 4-20 所示的"玫瑰世界"网页

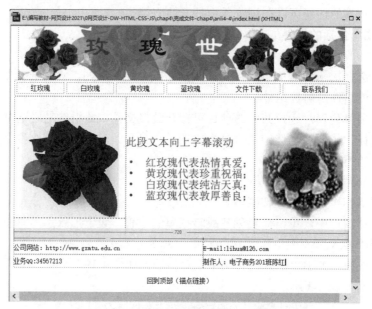

图 4-20　"玫瑰世界"网页文档

案例功能：如图 4-20 所示，"玫瑰世界"主页包括网页标题、导航、滚盖图、图像映射、锚点链接、空链接、E-mail 链接、文件下载和外部链接等功能。

操作步骤如下。

（1）启动 Dreamweaver CS6，打开站点"公司简介"，即站点根文件夹为"学习者姓名-chap4"，在 anli4-4 文件夹中打开网页文件 index.html。可以看到横幅图及导航栏已制作好。

（2）设置导航栏的超链接。在设计窗口中，选中"红玫瑰"文字，在"属性"面板中单击"链接"右侧的"浏览文件"按钮，打开"选择文件"对话框，选择 red.html 文件。用相同的方法设置导航栏中的白玫瑰、蓝玫瑰、黄玫瑰和文件下载的 5 项链接，其链接文件分别为 write.html、blue.html、yellow.html 和 xiaza.rar。"目标"选项选择默认值。此时，在代码窗口中，可看到自动生成 HTML 代码为：

```
<table width="720" height="34" border="0" align="center" cellpadding="0" >
  <tr>
    <td align="center"><a href="red.html">红玫瑰</a></td>
    <td align="center"><a href="write.html">白玫瑰</a></td>
    <td align="center"><a href="yellow.html">黄玫瑰</a></td>
    <td align="center"><a href="blue.html">蓝玫瑰</a></td>
    <td align="center"><a href="images/xiaza.rar">文件下载</a></td>
    <td align="center"><a href="#b1">联系我们(锚点链接)</a></td>
  </tr>
</table>
```

（3）制作网页主体。在设计窗口中，将光标插入点置于导航栏表格右方或下方，选择"插入"|"表格"命令，在打开的"表格"对话框中设置行数为 1，列数为 3，表格宽度为 720 像素，边框粗细、单元格边距和间距均为 0，单击"确定"按钮。选中整个表格，在"属性"面板中设置对齐为居中对齐。

（4）插入滚盖图。在设计窗口中，在第 1 行第 1 列的单元格中单击鼠标左键，选择"插入"|"图像对象"|"鼠标经过效果"命令，在弹出的对话框中单击"浏览"按钮，选择原始图像文件为 anli4-4\images\red3.jpg，选择鼠标经过图像文件为 anli4-4\images\write.jpg。替换文本为"红与白玫瑰滚盖图（空链接）"，在"按下时，前往的 URL"文本框中输入#。单击"确定"按钮。

（5）制作字幕向上滚动。在第 1 行第 2 列的单元格中单击，输入图 4-20 所示的 5 行文字或将"anli4-4\文本素材\玫瑰.txt"文件中的文本复制到此单元格中。选中5 行文字，在属性面板中设置文字为宋体、大小为+1、红色，选中下面 4 行文字，在属性面板中设置为项目列表。将光标定在第 1 行文字前面，然后，在代码窗口中，即在第 1 行"此"字的前面输入代码<marquee direction="up">，然后在</ul>后面输入</marquee>，表示滚动标记结束。此时查看代码如下：

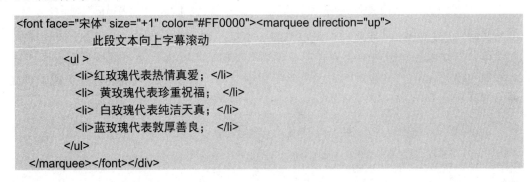

```
<font face="宋体" size="+1" color="#FF0000"><marquee direction="up">
            此段文本向上字幕滚动
    <ul >
        <li>红玫瑰代表热情真爱；</li>
        <li> 黄玫瑰代表珍重祝福；</li>
        <li> 白玫瑰代表纯洁天真；</li>
        <li>蓝玫瑰代表敦厚善良；</li>
    </ul>
</marquee></font></div>
```

（6）插入图像。在设计窗口中，在第 1 行第 3 列的单元格中单击，选择"插入"|"图像"命令，选择图像文件为 anli4-4\images\red4.jpg。

（7）设置公司网址外部链接。将表格的第 3 行所有单元格合并，然后在合并单元格中插入一个 2 行 2 列的表格，如图 4-20 所示；输入公司网址等有关信息内容，选中 http://www.gzmtu.edu.cn，在"属性"面板的"链接"文本框中输入 http://www.gzmtu.edu.cn，目标选择_blank，如图 4-21 所示。查看代码可看到自动生成的 HTML 代码如下：

图 4-21　在"属性"面板中输入外部链接网址

```
<a href="http://www.gzmtu.edu.cn" target="_blank">http:// /www.gzmtu.edu.cn </a>
```

（8）设置 E-mail 链接。选中 lihua@126.com，选择"插入"|"电子邮件链接"命令，打开"电子邮件链接"对话框，如图 4-22 所示。在文本框中自动显示 lihua@126.com，在"E-mail"文本框中输入 lihua@126.com，单击"确定"按钮。查看代码可看到自动生成 HTML 代码如下：

```
<a href="mailto:lihua@126.com">lihua@126.com</a>
```

（9）制作锚点链接。在设计窗口文档的最顶部左边单击，设置插入点。选择"插入"|"命名锚记"命令，打开"命名锚记"对话框。在"锚点名称"文本框中输入 top1，单击"确定"按钮，如图 4-23 所示。在代码窗口可看到自动生成代码如下：

```
<a name="top1" id="top1">
```

图 4-22　"电子邮件链接"对话框　　　　图 4-23　"命名锚记"对话框

（10）在设计窗口，在文档的最底部按一下回车键增加一个段，并输入"回到顶部（锚点链接）"文本，然后选中"回到顶部（锚点链接）"文本，在"属性"面板的"链接"文本框中输入#top1，设置对齐方式为水平居中对齐。查看代码可看到自动生成 HTML 代码如下：

```
<p align="center"><a href="#top">回到顶部（锚点链接）</a></p>
```

（11）保存并浏览网页，效果如图 4-24 所示。

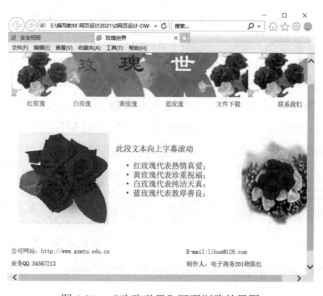

图 4-24　"玫瑰世界"网页浏览效果图

【综合实训 4-1】　创建如图 4-25 所示的 "万绿湖" 网页

图 4-25　"万绿湖" 网页文档

功能说明：如图 4-25 所示，"万绿湖" 网页包括网页标题、导航、跳转菜单、滚盖图、图像映射、锚点链接、空链接、E-mail 链接和外部链接等功能。

操作步骤如下。

参考案例 4-4 的操作步骤，本实训所有文件都在 chap4s-1 文件夹中。

（1）打开站点 "公司网站"，即站点根文件夹为 "学习者姓名-chap4"，并在 chap4s-1 文件夹中新建网页文件 index.html。双击鼠标左键打开网页文件 index.html。

（2）设置页面标题和链接属性。在 "页面属性" 对话框的 "标题/编码" 选项组中设置标题为 "广东万绿湖风景"，在 "链接" 选项组中设置 "变换图像链接" 为蓝色（#0000FF），"已访问链接" 为红色（#990000），"活动链接" 为粉红色（#CC00CC），在 "下画线样式" 下拉列表框中选择 "始终无下画线" 选项。

（3）插入横幅 Logo 主题。插入 1 行 1 列的表格，对齐方式为居中对齐，在表格中插入横幅图 images/logo.jpg。

（4）制作导航栏。插入 1 行 6 列的表格，对齐方式为居中对齐，在各单元格中分别输入如图 4-25 所示的导航栏文本。

（5）制作网页主体。插入 5 行 3 列的表格，对齐方式为居中对齐，在表格的第 1 行中插入日期和跳转菜单，跳转菜单各项设置，如图 4-26 所示。

（6）在 "日期" 下方的单元格中插入滚盖图，滚盖图原始图像文件为 images\shui1.jpg，鼠标经过图像文件为 images\shui2.jpg。替换文本为 "万绿之水滚盖图（空链接）"，URL 输入#即空链接。在右边的单元格插入图像 images\shan1.jpg 并设置其替换为 "滚盖图万绿之山 shan.html"。

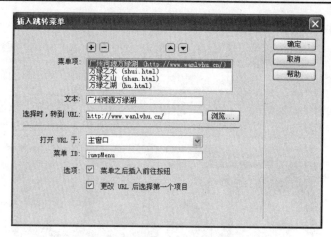

图 4-26　"插入跳转菜单"对话框

（7）如图 4-25 所示，插入水平线及输入 E-mail 所在行的文字。设置电子邮件链接和万绿湖网址（http://www.wanlvhu.cn）的外部链接。

（8）创建地图图像映射。在表格的最底行插入图像文件 images\gdjingdian.gif。在地图图像中的"万绿湖"周边创建一个圆形热点区域并设置链接文件为 index.html，目标为_blank，替换为"图像映射万绿湖 index.html"。

（9）制作锚点链接。如图 4-25 所示，分别在文档的最顶部和最底部插入锚记 top 和锚记 map，然后设置"回到顶部"和"广州景点地图"的"链接"分别为#top、#map。

（10）设置导航栏的超链接。分别设置"首页""万绿之水""万绿之山""万绿之湖"等 4 项链接，它们的链接文件分别为 index.html、shui.html、shan.html 和 hu.html。

（11）保存并浏览网页。

【案例 4-5】　使用 HTML 标记设置网页背景图像

案例功能说明：使用 HTML 标记设置背景图像，如图 4-27 所示。

图 4-27　背景图像浏览效果图

操作步骤如下。

启动 Dreamweaver CS6，打开站点或新建站点，站点根文件夹为"学习者姓名-chap4"，并新建网页文件 chap4-5.html。双击打开此网页文件。单击代码窗口，在代码窗口中输入如下 HTML 代码；然后在浏览器中浏览网页效果。

```
<html>
<head>
<title>学习者姓名-背景图像标记</title>
</head>
<body background="images\bg1.jpg">
</body>
</html>
```

【案例 4-6】　使用 HTML 在网页中插入古装美女图像

案例功能说明：使用 HTML 标记插入图像标记及设置图像边框，如图 4-28 所示。

图 4-28　插入图像标记浏览效果图

操作步骤如下。

启动 Dreamweaver CS6，打开站点或新建站点，站点根文件夹为"学习者姓名-chap4"，并新建网页文件 chap4-6.html。双击打开此网页文件。单击代码窗口，在代码窗口中输入如下 HTML 代码；然后在浏览器中浏览网页效果。

```
<html>
<head>
<title>学习者姓名-插入图像标记</title>
</head>
<body>
<img src="images\guzhuang1.jpg" alt="古装美女 1 效果" width="250" height="380" hspace="5" vspace="5" border="2" >
```

```
<img src="images\guzhuang2.jpg" alt="古装美女 2 效果" width="250" height="380"  hspace="5"
vspace="5"   border="2" >
</body>
</html>
```

【综合实训 4-1】　用 HTML 编写如图 4-29 所示的"兰菊芳馨"网页

图 4-29　"兰菊芳馨"网页的浏览效果

本案例功能：要求用 HTML 语言编写网页，网页中的标题制作为字幕滚动，在表格中放置图像及输入文字。

操作步骤如下。

（1）启动 Dreamweaver CS6，打开站点或新建站点，站点根文件夹为"学习者姓名-chap4"，并新建网页文件 chap4-7.html。

（2）双击打开 chap4-7.html 网页文件。单击代码窗口，在代码窗口中可以看到如下所示的 HTML 文档的基本结构代码：

```
<html>
<head>
<title></title>
</head>
<body>
</body>
</html>
```

（3）在代码窗口中，输入网页标题。在<title>与</title>之间插入网页的标题"学习者姓名-兰菊"，即为：

```
<title>学习者姓名-兰菊</title>
```

（4）在\<body\>与\</body\>之间插入网页主体内容。

❖ 在\<body\>中设置网页的背景图像，图像文件为 images/bg.gif，即 HTML 代码为：

```
<body background="images/bg.gif">
```

❖ 插入网页的背景音乐代码，音乐文件为 wjn.mid，循环次数为-1，代表循环无限次，即 HTML 代码为：

```
<bgsound src="images/wjn.mid" loop="-1">。
```

❖ 接下来开始插入一个 3 行 2 列的表格，其中第 1 行为表格标题，代码如下：

```
<table>
    <tr>
        <th colspan="2"></th>
    </tr>
    <tr>
        <td></td>
        <td></td>
    </tr>
    <tr>
        <td></td>
        <td></td>
    </tr>
</table>
```

在\<table\>标签中插入设置表格的宽度、高度、边框线粗、对齐方式、边距的代码，即 HTML 代码为：

```
<table width="500" height="200" border=1 align="center" cellpadding="20">
```

❖ 在\<th colspan="2"\>\</th\>标签中插入表格标题"学习者姓名－兰菊芳馨"，并设置其为字幕滚动，代码为：

```
<marquee>兰菊芳馨</marquee>
```

❖ 其中 colspan="2" ，表示此单元格跨越两列。

❖ 在其他单元格中分别插入引用图像的代码，代码如下：

```
<td><img src="images/lan.gif" width="320" height="240"></td>
<td><img src="images/ju.gif" width="320" height="240"></td>
```

❖ 最后，分别输入相应的文字。

（5）完成后，保存文件，浏览网页。完成后的 HTML 代码如下：

```
<html>
```

```
<head>
<title>学习者姓名-兰菊</title>
</head>
<body background="images/bg.gif">
<bgsound src="images/wjn.mid" loop="-1">
<table width="500" height="200" border=1 align="center" cellpadding="20">
  <tr><th colspan="2"><marquee>兰菊芳馨</marquee></th>      </tr>
  <tr><td><img src="images/lan.gif" width="320" height="240"></td>
      <td><img src="images/ju.gif" width="320" height="240"></td>        </tr>
<tr><td       兰花是珍贵的观赏植物。目前全世界有七百多个属、二万多个品种。</td>
   <td       菊花是多年草本植物。菊花在中国已有三千多年的栽培历史。</td> </tr>
</table>
</body>
</html>
```

【上机操作 4】

设计如图 4-30 所示的文本网页。

操作提示如下。

（1）新建网页文档。

（2）插入 1 行 1 列的表格，设置标题区域，输入标题，设置标题、表格属性。

（3）插入 6 行 2 列的表格，设置文本与表格的属性。

HTML 代码如下：

```
<table width="600" border="0" cellspacing="0" cellpadding="0">
  <tr>
  <td height="30" align="center"><h1 class="STYLE1">名人故事——成长故事</h1></td>
   </tr>
</table>
<table width="600" border="1" bordercolor="#FFCC66">
   <tr>
       <td align="center">奥巴马的故事</td>
       <td align="center">恩格斯的年轻时代</td>
   </tr>
    <tr>   <td align="center">刘翔的成长故事</td>
       <td align="center">刘翔简介</td>
</tr>
   </table>
```

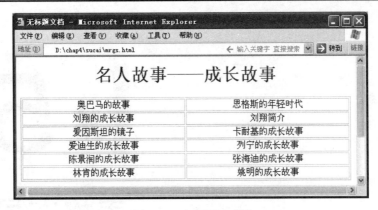

图 4-30　文本网页示例

【理论习题 4】

1. 在 Dreamweaver CS6 文档窗口中，输入空格的方法是什么？
2. 网页中常用的图像格式有哪些？各自的特点是什么？
3. 搜集网页图像素材的方法有哪些？
4. 什么是滚盖图？滚盖图一般用在什么地方？
5. 什么是图像映射？
6. 什么是超链接？
7. 什么是超链接目标？目标有哪几种形式？其含义是什么？
8. 什么是锚记？创建锚记包含哪几个步骤？
9. 什么是空链接？空链接的作用是什么？什么是外部链接？

第**5**章

表格布局网页

在网页中，表格和框架主要用于进行网页布局定位。表格用于精确定位，框架在定位的基础上可以引入多个 HTML 文件。

资源文件说明：本章案例、实训、习题等所有资源都可通过扫描二维码获得，源文件素材放在"chap5\源文件-chap5"文件夹中。制作完成的文件放在"chap5\完成文件-chap5"文件夹中。读者实操时将"源文件-chap5"文件夹复制到本地磁盘（例如，D:）中，并将文件夹改为"学习者姓名-chap5"（例如，"刘小林-chap5"）。

任务 1   在网页中插入表格及其 HTML 代码

表格是一种在 HTML 页面上布局数据与图像的工具。表格为网页设计者提供了向网页添加垂直与水平结构的方法；例如，使用表格安排表格数据，在网页中布局文本与图形等。实际上，Internet 中的绝大多数网页都是使用表格辅助布局的。

表格由数个行与列组成，行、列交叉组成表格的单元格，可以在表格的单元格内插入各种信息，包括文本、数字、链接和图像，甚至是表格。

知识点：插入表格及其 HTML 代码

插入表格，可使用下列两种方法。

❖   在设计窗口中，选择"插入"|"表格"命令，打开"表格"对话框，如图 5-1 所示。"表格"对话框中各项的功能及含义，如表 5-1 所示。

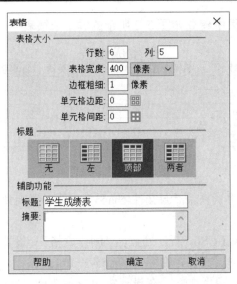

图 5-1   "表格"对话框

表 5-1   "表格"对话框中各项的功能及含义

项 目	功能及含义
行数	指定表格的行数
列	指定表格的列数
表格宽度	指定以像素为单位或占浏览器窗口百分比的表格宽度
边框粗细	指定以像素为单位的表格边框宽度,如果不需要边框,则输入 0
单元格边距	指定单元格内容与单元格边框之间的距离,单位为像素。默认为 1px,如果不需边距则输入"0"
单元格间距	指定单元格之间的距离,单位为像素,默认为 1px,如果不需要边距则输入"0"
标题	指定整个表格的上方标题文字
对齐标题	指定表格上方标题文字的对齐方式

❖   在代码窗口中,用 HTML 创建表格,其语法格式如下。

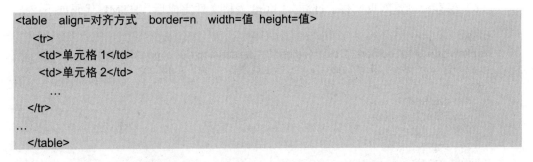

```
<table   align=对齐方式   border=n  width=值 height=值>
   <tr>
    <td>单元格 1</td>
    <td>单元格 2</td>
       …
   </tr>
…
   </table>
```

其中,<table></table>表示创建一个表格,<tr></tr>表示创建表格中的一行,<td></td>
表示创建表格中的一个单元格。align(对齐),border(边框), width(宽度),height(高度)
用来设置表格的属性。

【案例 5-1】　在网页中建立如图 5-2 所示的学生成绩表

学生成绩表

姓名	机械制图	电工基础	英语	计算机
李小玲	95	79	87	89
王民	89	89	76	65
张强	78	87	54	76
张可安	65	67	67	89
武艺	65	87	86	76

图 5-2　学生成绩表

操作步骤如下（首先将资料中"源文件-chap5"文件夹复制到本地 D 盘，并改名为"学习者姓名-chap5"）。

（1）启动 Dreamweaver CS6，新建站点名"制作表格"，设置本地站点根文件夹为"学习者姓名-chap5"，新建网页文件，命名为 chap5-1.html。

（2）双击打开新建的网页文件，在设计窗口中，选择"修改"|"页面属性"命令，设置网页标题为创建表格。即在代码窗口中，自动生成的 HTML 代码如下：

```
<title>创建表格</title>
```

（3）在设计窗口中，选择"插入"|"表格"命令，打开"表格"对话框。如图 5-1 所示，设置"行数"为 6，"列"为 5，"表格宽度"为 440 像素，"边框粗细"为 1，"单元格边距"为 0，"单元格间距"为 0，"标题"选择"顶部"选项，"辅助功能"下方的"标题"输入学生成绩表。其他项为默认值。单击"确定"按钮。

（4）在代码窗口中，设置整个表格居中，设置标题文字字体为宋体，大小为 24。即在代码窗口中编写 HTML 代码如下：

```
<table width="440" border="1" cellpadding="0" cellspacing="0"  align="center">
<caption><font face= "宋体" size="24"> 学生成绩表</font></caption>
```

（5）在设计窗口中，分别在各单元格中，直接输入学生成绩表中的文字信息。

（6）保存和浏览网页文件。chap5-1.html 表格文件完成后，HTML 代码如下：

```
<body>
<table width="440" border="1"cellpadding="0" cellspacing="0" align="center" >
<caption><font face= "宋体" size="24"> 学生成绩表</font></caption>
  <tr>
    <th >姓名</th>
    <th >机械制图</th>
    <th >电工基础</th>
    <th >英语</th>
    <th >计算机</th>
  </tr>
  <tr>
    <td >李小玲</td>
    <td >95</td>
```

```
    </tr>
</table>
</body>
```

任务 2   在网页中编辑表格

知识点：表格的编辑

1. 选择表格

1）选择单元格\<td>\</td>

❖ 选择某一个单元格：单击单元格，然后单击文档窗口左下角标签选择器中的\<td>
标签；或者按住 Ctrl 键单击该单元格。

❖ 选择一个矩形单元格：从一个单元格拖动到另一个单元格；或者单击一个单元格，
然后按住 Shift 键单击另一个单元格。

❖ 选择不相邻的多个单元格：按住 Ctrl 键，然后单击要选择的每一个单元格。

2）选择行\<tr>\</tr>和列

❖ 将指针指向行的左边缘，当指针变成选择箭头时单击可以选择此行，上下拖动则
可选择多行。

❖ 将指针指向列的上边缘，当指针变成选择箭头时单击可以选择此列，左右拖动则
可以选择多列。此外，要选择一列，也可以在该列中单击，然后单击列标题菜单
箭头按钮，在弹出的菜单中选择"选择列"命令。

3）选择整个表格

❖ 单击任意单元格，然后在文档窗口左下角的标签选择器中单击\<table>标签。

❖ 单击表格的左上角、表格的顶边缘或底边缘的任意位置，或者行或列的边框。

2. 添加、删除行或列

1）添加列

❖ 在表格中添加一列：将插入点放置在要插入列右面的一列中，然后选择"修改"|
"表格"|"插入列"命令，或者将插入点放置在与要插入列相邻的列中，然后单
击列标题菜单的"箭头"按钮，在弹出的菜单中选择"左侧插入列"命令或"右
侧插入列"命令。

❖ 同时在表格中插入多列：将插入点放置在与要插入的列相邻的列中，然后选择"修
改"|"表格"|"插入行或列"命令，弹出"插入行或列"对话框，在"插入"选
项组中选中"列"单选按钮，然后输入要插入的列数并选择要插入的位置。

2）添加行

❖ 在表格中添加一行：选择"修改"|"表格"|"插入行"命令，此时将在插入点所

在行的上面添加一行。

❖ 同时在表格中插入多行：如果要插入多行，可将插入点放置在与要插入的行相邻的行中，然后选择"修改"|"表格"|"插入行或列"命令，弹出"插入行或列"对话框，在"插入"选项组中选中"行"单选按钮，然后输入要插入的行数并选择要插入的位置。

3）删除行或列

❖ 在要删除的行或列中的任意单元格中单击，然后选择"修改"|"表格"|"删除行"命令或"删除列"命令。

❖ 选择完整的一行或一列，然后按 Delete 键或选择"编辑"|"清除"命令。

3. 调整表格大小（height，width）

❖ 调整表格宽度：选择表格，拖动选择框右边的控制点。

❖ 同时调整表格的高度和宽度：选择表格拖动选择框右下角的控制点。

4. 调整行高和列宽（height，width）

❖ 改变一行的高度：沿该行的下边框移动指针，当指针变成一个行边框选择器后，向下或向上拖动。

❖ 改变以像素为单位的一列的宽度：沿该列的右边框移动指针，当指针变成一个列边框选择器后，向左或向右拖动。此时相邻列的宽度也将更改，而表格的总宽度不改变。若要只使该列的宽度发生改变，而其他列保持不变，应按住 Shift 键拖动该列的边框。

5. 合并与拆分单元格（colspan=" n "）

1）合并单元格

选择连续的矩形单元格区域，然后选择"修改"|"表格"|"合并单元格"命令，或者单击属性检查器中的"合并单元格"按钮。

2）拆分单元格

在要拆分的单元格中右击，在弹出的快捷菜单中选择"表格"|"拆分单元格"命令，弹出"拆分单元格"对话框，在"把单元格拆分"选项组中指定要将单元格拆分为行还是列，然后在"行数"或"列数"文本框中输入所需的数值。

【案例 5-2】 将图 5-2 所示的学生成绩表修改成如图 5-3 所示的形式

操作步骤如下。

（1）打开站点"制作表格"，即设置站点根文件夹为"学习者姓名-chap5"，打开网页文件 chap5-1.html，将网页标题设置为编辑表格，文件名另存为 chap5-2.html。

（2）插入列。在最后一列的任一个单元格中右击，在弹出的快捷菜单中选择"表格"|"插入行或列"命令，打开如图 5-4 所示的"插入行或列"对话框。在"插入"选项组中选中"列"单选按钮，设置"列数"为 1，在"位置"选项组中选中"当前列之后"单选按钮，单击"确定"按钮。

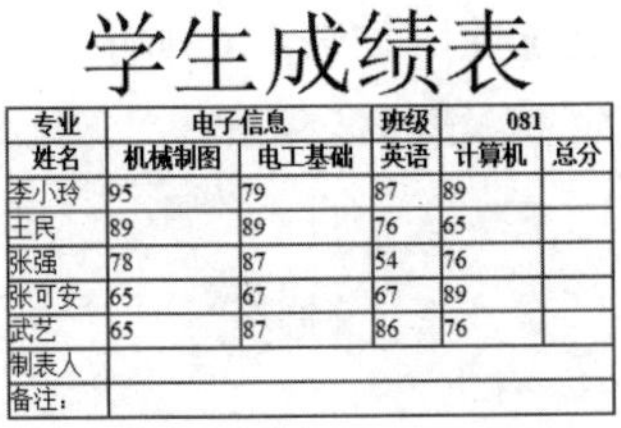

学生成绩表

专业	电子信息		班级	081	
姓名	机械制图	电工基础	英语	计算机	总分
李小玲	95	79	87	89	
王民	89	89	76	65	
张强	78	87	54	76	
张可安	65	67	67	89	
武艺	65	87	86	76	
制表人					
备注：					

图 5-3　修改之后的成绩表

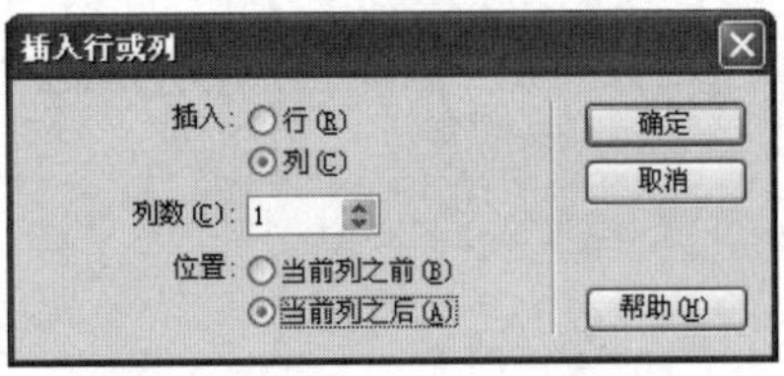

图 5-4　“插入行或列”对话框

（3）插入行。在第 1 行之前插入一行和在最后一行之后插入两行。方法如下。

❖ 在第 1 行的任一个单元格中右击，在弹出的快捷菜单中选择“表格”|“插入行或列”命令，打开“插入行或列”对话框。在“插入”选项组中选中“行”单选按钮，设置“行数”为 1，在“位置”选项组中选中“当前行之前”单选按钮，单击“确定”按钮。

❖ 在最后一行的任一个单元格中右击，在弹出的快捷菜单中选择“表格”|“插入行或列”命令，打开“插入行或列”对话框。在“插入”选项组中选中“行”单选按钮，设置“行数”为 2，在“位置”选项组中选中“当前行之后”单选按钮，单击“确定”按钮即可。

（4）合并单元格。选择第 1 行的第 2～3 列单元格并右击，在弹出的快捷菜单中选择“表格”|“合并单元格”命令。使用类似的方法将第 8 行的第 2～6 列单元格合并，将第 9 行的第 2～6 列单元格合并。表格最后一行的 HTML 代码为：

```
<tr>
    <td >备注：</td>
    <td colspan="5" > </td>
  </tr>
```

（5）在相应的单元格中输入相应的文字。表格中第 1 行的 HTML 代码如下：

```
<tr>
    <th >专业</th>
    <th colspan="2" >电子信息</th>
    <th >班级</th>
    <th colspan="2" >081</th>
  </tr>
```

（6）以 chap5-2.html 保存并浏览网页文件。

任务 3　表格属性的设置及其 HTML 代码

知识点：设置表格属性及其 HTML 代码

1. 表格属性

选中整个表格，在文档的底部显示表格“属性”面板，如图 5-5 所示。表格“属性”

面板中各项的含义，如表 5-2 所示。<table>相应的标记属性，如表 2-6 所示。

图 5-5　表格"属性"面板

表 5-2　表格"属性"面板各项含义

项　目	含　义
表格 ID	为表格输入一个名称
行、列	输入表格的行数、列数，编辑表格时，一般采用原表格的行列数
宽	指定表格的宽度，以像素为单位或按占浏览器窗口宽度的百分比来定义该表格在浏览器中的显示宽度
对齐	设置同一段落中表格与其他元素的对齐方式
填充、间距	二者相同，确定相邻的单元格之间的距离，单位是像素
边框	指定表格边框的宽度（以像素为单位），默认的边框宽度是没填数值，并不代表宽度就为 0
⎚	清除列宽
⎚	将表格宽度转换成百分比
△	展开箭头
⎚	将表格宽度转换成像素
⎚	清除行高

2. 单元格<td>属性

在单元格中单击后按住鼠标不放，向上向下或向左向右拖动到另一个单元格，选中一个、多个或所有单元格；此时在文档底部显示单元格"属性"面板，如图 5-6 所示。单元格"属性"面板中各项的含义，如表 5-3 所示。

图 5-6　单元格"属性"面板

表 5-3　单元格"属性"面板中各项的含义

项　目	含　义
水平	设置选中单元格内容的水平对齐方式
垂直	设置选中单元格内容的垂直对齐方式
宽、高	设置选中单元格的宽度、高度，单位是像素，使用百分比时，应在数值后加%
不换行	可防止英文单词中间被截断换行。此时单元格将自动扩展以容纳输入或粘贴的英文单词。通常单元格将横向扩展以适应最长的单词，然后再纵向扩展

续表

项　目	含　义
标题	将选中单元格的内容格式化表头格式，默认为粗体并居中
背景颜色	为选中单元格设置背景颜色
边框	为选中单元格设置边框颜色
▭	将选中的单元格合并为一个单元格
⊞	将一个单元格拆分为几个单元格，应在打开的"拆分单元格"对话框中选择是拆分行还是列，并输入要拆分的行数或列数

【案例 5-3】　将图 5-3 所示的学生成绩表修饰成如图 5-7 所示的格式

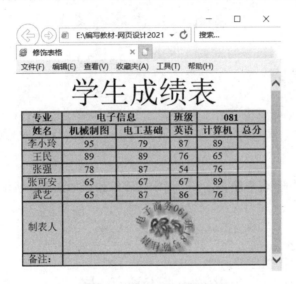

图 5-7　修饰后的成绩表

操作步骤如下。

（1）打开站点，即设置站点根文件夹为"学习者姓名-chap5"，打开网页文件 chap5-2.html，文件名另存为：chap5-3.html；将插入点放置在表格内的任何位置；然后，在文档窗口左下角的标签选择器中单击<table>标签，即可选中整个表格。

（2）设置表格的属性。如图 5-5 所示，在设计窗口中，在"属性"面板中设置"对齐"为居中对齐，背景颜色为#FFCCFF，边框颜色为#9933FF。或在代码窗口修改<table>的HTML 标记，改后的代码如下：

```
<table width="440" border="1" align="center" cellpadding="0" cellspacing="0" bordercolor="#9933FF" bgcolor="#FFCCFF">
```

其中 bordercolor="#9933FF" bgcolor= "#FFCCFF"设置边框颜色和背景颜色。

（3）设置所有单元格内容居中对齐。选中所有单元格，在文档底部的单元格"属性"面板中设置各项值，"水平"为居中对齐，"垂直"为居中对齐，HTML 代码如下：

```
valign="middle"
```

例如，"武艺"这个单元格的 HTML 代码如下：

```
<td align="center" valign="middle">武艺</td>
```

（4）如图 5-7 所示，在第 8 行第 2 列单元格中插入图形文件（images\ logox.gif）。

（5）选择"修改"|"页面属性"命令，设置网页标题为"修饰表格"即代码为：

```
<title>修饰表格</title>
```

（6）以 chap5-3.html 保存并浏览网页。

任务4　创建嵌套表格

知识点：嵌套表格

嵌套表格是指在一个表格的单元格中再插入一个表格。嵌套表格的宽度受所在单元格的宽度的限制，嵌套表格的编辑方法与表格相同。嵌套表格的宽度和高度单位最好设置为百分比。

【案例 5-4】利用嵌套表格将图 5-7 所示的表修改成如图 5-8 所示的效果

图 5-8　嵌套表格

操作步骤如下。

（1）打开站点，即设置站点根文件夹为"学习者姓名-chap5"，打开网页文件 chap5-3.html，设置页面标题为"嵌套表格"，文件名另存为 chap5- 4 .html。

（2）在设计窗口中，选择"制表人"所在的行，即单击此行的<tr>，然后右击鼠标，在弹出的快捷菜单中选择"表格"|"插入行"命令，即在此行前插入了一行，在该行的第1个单元格中输入教师表，如图 5-8 所示。

（3）插入嵌套表格。在设计窗口中，将光标放在"制表人"右边的单元格，选择"插入"|"表格"命令，打开"表格"对话框，设置"行数"为 2，"列数"为 5，"表格宽度"为 95%，"边框粗细"为 1，"单元格边距"为 0，"单元格间距"为 0，其他选项保持默认值。

（4）单击"确定"按钮，即在表格中嵌套一个两行 5 列的表格。

（5）选择整个嵌套表格，设置各项值，"对齐"为居中对齐，背景颜色为#FFCCCC，边框颜色为#FF99CC。或用修改表格<table>代码来完成，修改后的代码如下：

```
<table width="95%" border="1" cellpadding="0" cellspacing="0" bordercolor="#FF99CC" bgcolor="#FFCCCC">
```

（6）在嵌套表格的各单元格中输入相应的文字。完成后，嵌套表格的 HTML 代码如下：

```
<table width="95%" border="1" cellpadding="0" cellspacing="0" bordercolor="#FF99CC" bgcolor="#FFCCCC">
    <tr>
        <td>课程</td>
        <td>机械制图</td>
        <td>电工基础</td>
        <td>英语</td>
        <td>计算机</td>
    </tr>
    <tr>
        <td>教师</td>
        <td>李冬梅</td>
        <td>钟小英</td>
        <td>林小玫</td>
        <td>王永民</td>
    </tr>
</table>
```

（7）将最后 1 行的"备注："文字改为日期，然后在其右边单元格使用 Java 脚本程序方法插入当前日期，如图 5-8 所示；显示当前计算机日期。操作方法为：打开此文件的代码窗口，找到代码</head>，然后双击打开"学习者姓名-chap5\java"文件夹下的"当前日期.txt"文件。

第 1 步：将下面代码复制到</head>前。

```
<SCRIPT language=JavaScript>
function date_zh(date)
{
```

```
        var tmp = "";
        var day = "";
        if ( date == null )
            date = new Date();
        tmp = date.getYear();
        if ( tmp < 1000 )
            tmp = tmp + 1900;
        tmp = tmp + "-";
        tmp = tmp + (date.getMonth() + 1) + "-";
        tmp = tmp + date.getDate() + "    ";
        day = date.getDay();
        if ( day == 0 ) {
            day = " 星期日 ";
        }else if ( day == 1 ) {
            day = " 星期一 ";
        }else if ( day == 2 ) {
            day = " 星期二 ";
        }else if ( day == 3 ) {
            day = " 星期三 ";
        }else if ( day == 4 ) {
            day = " 星期四 ";
        }else if ( day == 5 ) {
            day = " 星期五 ";
        }else if ( day == 6 ) {
            day = " 星期六 ";
        }
        tmp = tmp + "" + day + "";
        return tmp;
    }
</SCRIPT>
```

第 2 步：将下面代码复制到<body>与</body>之间要显示日期的位置。

```
<SCRIPT language=JavaScript>document.write(date_zh()); </SCRIPT>
```

（8）将第 1 步中的代码复制到 chap5-4.html 网页文档中</head>前面。

（9）复制第 2 步中的代码<SCRIPT language=JavaScript>document.write(date_zh());
</SCRIPT>，然后单击 chap5-4.html 网页文档的设计窗口。光标放在要显示日期的位置，即
在日期的右边单元格中。再单击 chap5-4.html 网页文档的代码窗口；此时，选择"编辑"|
"粘贴"命令，即完成第 2 步。完成后"日期"行的代码如下：

```
<tr>
    <td align="center" valign="middle" >日期</td>
    <td colspan="5" align="center" valign="middle" ><SCRIPT language=JavaScript>
document.write(date_zh()); </SCRIPT></td>
  </tr>
```

（10）修改网页标题为"嵌套表格"即代码为：

```
<title>嵌套表格</title>
```

以新的文件名 chap5-4.html 保存和浏览网页。

任务 5　表格的综合应用

知识点：表格的综合应用

很多网页设计者都喜欢使用表格设计网页的布局。通过表格可以精确地定位网页元素，准确地表达创作意图。

【案例 5-5】　利用表格设计如图 5-9 所示的个人主页

图 5-9　个人主页

操作步骤如下。

（1）打开站点，在站点根文件夹"学习者姓名-chap5"下新建网页文件 chap5-index.html。

（2）双击新建的网页文件，选择"修改"|"页面属性"命令，打开"页面属性"对话框，将"标题/编码"选项中的"标题"设置为"欢迎来到我的主页"，将"链接"选项中的"下画线样式"设置为"始终无下画线"。

（3）插入表格（3行5列）。在设计窗口中，选择"插入"|"表格"命令，在弹出的对话框中设置各项值，"行数"为3，"列数"为5，"表格宽度"为1000像素，"边框粗细"为0，"单元格边距"为0，"单元格间距"为0，单击"确定"按钮。在代码窗口中可以看到自动生成的 HTML 代码。

（4）在设计窗口中，选择整个表格，设置表格居中对齐，选中所有单元格，设置单元格内容对齐方式为水平居中对齐即<td align="center">。

（5）在第 1 行第 1 列单元格中插入图形文件（images\aa.gif）。

（6）将第 1 行第 2～4 列单元格合并，用鼠标拖动调整列宽，并在合并后的单元格中输入文字"杨燕丽个人主页"，并将其设置为隶书，大小为 28，颜色为#990000，水平居中对齐；设置文字为字幕滚动（<marquee>…</marquee>）。即在代码窗口输入代码为：

```
<font face="隶书" size="28" color="#990000"><marquee>杨燕丽个人主页</marquee> </font>
```

（7）单击第 1 行第 3 列单元格，选择"插入"|"日期"命令，在打开的"插入日期"对话框中设置"日期格式"为"1974-03-07"，选中"储存时自动更新"复选框。

（8）设置导航栏。第 2 行背景色设置为粉色（<tr bgcolor="#FFCCFF">）。在第 2 行的 5 个单元格中分别输入"首页""专业能力""业余爱好""获奖情况""联系方式"导航文本，并设置各项的超链接分别为 chap5-index.html、chap5-4.html、#和#，"联系方式"设置为 E-mail 链接（mailto:liangyanli@163.com），完成后，第 2 行导航栏的 HTML 代码如下：

```
<tr bgcolor="#FFCCFF">
    <td align="center"><a href="chap5-index.html">首页</a></td>
    <td align="center" ><a href="chap5-4.html" target="_blank">专业能力</a></td>
    <td align="center"><a href="#">业余爱好</a></td>
    <td align="center"><a href="#"></a><a href="#">获奖情况</a></td>
    <td align="center"><a href="mailto:liangyanli@163.com">联系方式</a></td>
 </tr>
```

（9）在第 3 行的 3 个单元格中分别插入一个 1 列 3 行的嵌套表格，3 个表格的属性设置相同，"行数"为 3，"列数"为 1，"表格宽度"为 95%，"边框粗细"为 0，"单元格边距"为 0，"单元格间距"为 0。

（10）在插入的嵌套表格中分别输入相应的文字并插入图形文件（images\a2.gif），完成后文档中的表格，如图 5-10 所示。

图 5-10　完成后文档中的表格

（11）单击"显示代码视图"，则显示网页文件的 HTML 代码。

（12）保存并浏览网页。

【实训 5-1】　利用表格设计如图 5-11 所示的个人信息网页

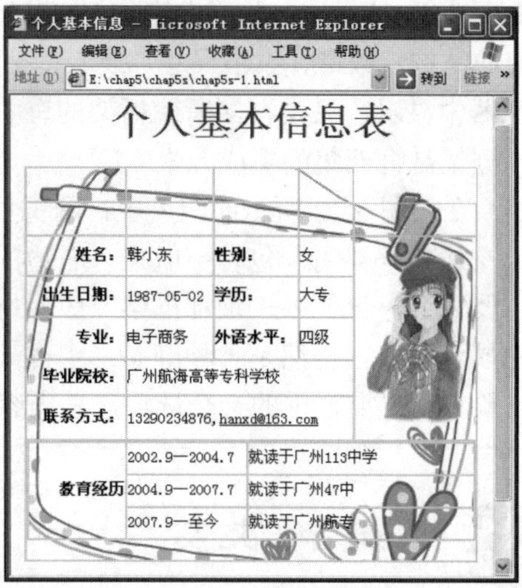

图 5-11　个人信息网页

操作步骤如下。

个人信息表中的文字或图片等具体内容可写读者自己的信息。

（1）打开站点，设置站点根文件夹为"学习者姓名-chap5"，然后在 chap5s 文件夹中新建网页文件 chap5s-1.html。

（2）插入一个如图 5-11 所示的最多行数最多列数的表格，然后合并单元格。

（3）在代码窗口中编写 HTML 代码设置表格的边框颜色、背景图像（chap5s\images\bg.gif）和对齐方式等属性。调整整个表格的高、宽度和一幅背景图的高、宽度相近（高为355，宽为415）。表格中的文字大小为14，字体为宋体。表格属性设置完成后代码如下：

```
<table  width="415"  height="355"  border="1"  cellpadding="0"  cellspacing="0"  bordercolor=
"#FFCCFF" background="images/bg.gif">
```

（4）相片文件路径为 chap5s\images\NEWSG002.GIF，"联系方式"设置为 E-mail 链接（通过选择"插入"|"电子邮件链接"命令进行设置）。

（5）教育经历这一栏要求采用嵌套表格来完成。

（6）表格上方的个人基本信息表设置为字幕滚动。

（7）为网页增加跟随鼠标的彩色文字功能。

任务6　创建框架网页

知识点：用 HTML 代码标记创建框架和框架集

框架的作用是将网页划分成多个独立的区域，每个区域相当于一个独立页面，从而达到将几个独立页面同时显示在浏览器中的效果。

框架（Frames）技术由框架集（Frameset）和框架（Frame）两部分组成。框架集是框架的集合，它定义了各框架的结构、数量、大小尺寸、装入框架中的 HTML 文件名和路径等属性。框架集并不在浏览器中显示，只是存储所属框架的有关信息。框架集中的全部框架文件构成一个网页页面。框架是框架集的组成元素。

框架常用于导航。例如，在如图 5-12 所示的网页中，网页页面由 3 个框架组成：顶部的框架用于包含网站标题；左边的框架用于包含导航栏；右边的框架是占据页面空间最大的主框架，它包含网站的主要内容。该例中，顶部框架一般保持静态；左边框架通过导航栏的链接改变主框架区域的显示内容，仍然是一种静态；主框架区域是动态的，将根据所选导航栏的项目而变化。只要单击导航栏中的一个选项，其内容立即显示在主框架中。

图 5-12　框架布局的网页文档

一个包含 3 个框架的网页是由 4 个独立的 HTML 页面组成的，其中包含框架集页面文件与 3 个框架页面文件。使用框架设计网页时，必须依次保存框架集页面与所包含的框架页面。

用 HTML 代码标记创建基于框架的网页，一般步骤如下。

（1）创建框架 frame 文件，即创建独立的 HTML 网页文件；例如，top.html、left.html、main.html。

（2）创建框架集 frameset 文件，也是创建一个独立的 HTML 网页文件；如，index.html。框架集文件是各框架文件的集合，它定义了各框架的结构、数量、大小尺寸（rows，cols）、装入框架中的 HTML 文件名和路径 src 等属性。如图 5-12 所示下半部分，即一个左右框架集，其 HTML 代码如下：

```
<frameset rows="*" cols="150,*" >
  <frame src="left.html" name="leftFrame"   id="leftFrame" title="leftFrame" />
  <frame src="main.html" name="mainFrame"   id="mainFrame" title="mainFrame" />
</frameset>
```

其中，rows 为网页的行高，cols 为网页的列宽，*为任意值，cols="180,*"表示左右框架集的左边框架文件 left.html 的宽为 180，右边框架文件 main.html 的宽为任意值。

（3）设置框架和框架集的属性，包括命名框架与框架集（name）、设置是否显示框架边框等；例如，框架边框的设置代码如下：

```
frameborder="yes" border="1" bordercolor="#FFCCFF"
```

（4）确认链接的目标框架设置 target="mainFrame，使所有链接内容显示在正确的区域内；例如，在左边框架 left.html 文件中的"生日鲜花"超链接 HTML 代码如下：

```
<a href="shengri.html" target="mainFrame">生日鲜花</a>
```

【案例 5-6】　创建如图 5-13 所示的框架网页

图 5-13　制作框架网页

操作步骤如下。

（1）打开站点，在站点根文件夹"学习者姓名-chap5"下新建网页文件 index.html。

（2）双击新建的网页文件，将页面属性"标题"设置为"框架网页"。

（3）在代码窗口中，输入代码，index.html 文件完成后的 HTML 代码如下：

```
<!DOCTYPE html PUBLIC "-//W3C//DTD XHTML 1.0 Transitional//EN"
"http://www.w3.org/TR/xhtml1/DTD/xhtml1-transitional.dtd">
<html xmlns="http://www.w3.org/1999/xhtml">
<head>
<meta http-equiv="Content-Type" content="text/html; charset=utf-8" />
<title>框架网页</title>
</head>
<frameset rows="150,*" cols="*" framespacing="1" frameborder="yes" border="1"
bordercolor="#FFCCFF">
  <frame src="top.html" name="topFrame" id="topFrame" title="topFrame" />
  <frameset rows="*" cols="150,*" >
    <frame src="left.html" name="leftFrame" id="leftFrame" title="leftFrame" />
    <frame src="main.html" name="mainFrame" id="mainFrame" title="mainFrame" />
  </frameset>
</frameset>
<noframes>
<body>
```

```
</body>
</noframes>
</html>
```

其中，嵌套了一层框架集，里层框架集即网页的下半部分是左右框架的集合，代码如下：

```
<frameset rows="*" cols="150,*" >
    <frame src="left.html" name="leftFrame" id="leftFrame" title="leftFrame" />
    <frame src="main.html" name="mainFrame" id="mainFrame" title="mainFrame" />
</frameset>
```

而外层框架集是将网页的顶上部分即 top.html 和下半部分框架集再次集合到一起，即为 index.html 文件。关键代码如下：

```
<frameset rows="150,*" cols="*" framespacing="1" frameborder="yes" border="1" bordercolor=
"#FFCCFF">
  <frame src="top.html" name="topFrame" id="topFrame" title="topFrame" />
  <frameset rows="*" cols="150,*" >
    <frame src="left.html" name="leftFrame" id="leftFrame" title="leftFrame" />
    <frame src="main.html" name="mainFrame" id="mainFrame" title="mainFrame" />
  </frameset>
</frameset>
```

（4）保存网页 index.html 文件，并浏览网页效果，此时 left.html 左边框架窗口中的文字导航没有设置超链接。

（5）设置导航超链接。双击打开素材文件 left.html；在设计窗口中，设置各文字导航超链接，完成后，其代码分别如下：

```
<a href="main.html" target="mainFrame">爱情鲜花</a>
<a href="shengri.html" target="mainFrame">生日鲜花</a>
<a href="kaizhang.html" target="mainFrame">开张鲜花</a>
<a href="shangwu.html" target="mainFrame">商务鲜花</a>
```

注意超链接目标为：target="mainFrame"。

（6）选择"文件"|"保存全部"命令。

（7）双击打开 index.html 网页文件，按 F12 键浏览网页，单击"生日鲜花"按钮后，效果如图 5-13 所示。

【综合实训 5-1】 利用框架创建如图 5-14 所示的"时尚商城"网站

操作步骤如下。

本例中的所有网页文件及素材存放在 chap5s 文件夹中。

（1）"时尚商城"主页插入了上下组合的框架集，该框架集由两个框架文件（top.html、main.html）和 1 个框架集文件（index.html）组成，index.html 文件的 HTML 代码如下：

```
<frameset rows="120,*" cols="*" framespacing="1" frameborder="yes" border="1" bordercolor=
```

```
"#CC99FF">
    <frame src="top.html" name="topFrame" id="topFrame"/>
    <frame src="main.html" name="mainFrame" id="mainFrame"/>
</frameset>
```

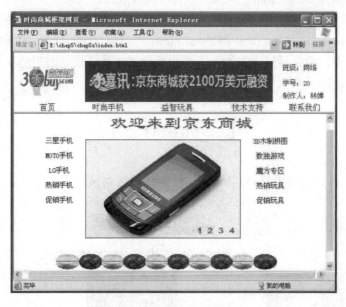

图 5-14 "时尚商城"网站

（2）完成制作在上方的框架文件 top.html；例如，插入表格，表格中插入横幅等图像为 images\ logo_spring.gif、logo1.gif，并完成输入"首页"等导航文本。

（3）完成制作主框架 main.html 文件，如图 5-15 所示；插入表格，然后输入标题等文字，标题要求设置成字幕滚动，在表格中插入图像（images\logomain.gif、gif003.gif）。

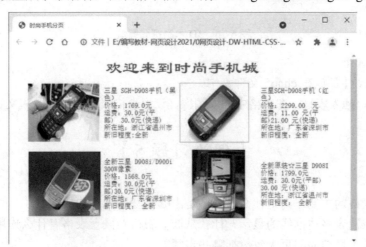

图 5-15 "时尚手机"分页

（4）新建"时尚手机"分页 shouji.html，在该分页中插入表格，在表格中输入文字及插入图像（sansing1.gif、sansing2.gif、sansing3.gif、sansing4.gif）。产品的文字说明放在"images\商品展.doc"文件中，要求标题文字设置成字幕滚动。

（5）用相同的方法，分别新建"益智玩具""技术支持"和"联系我们"链接的 3 个分页，文件名分别为 wanju.html、jishu.html 和 lianxi.html。

（6）设置"首页"和"时尚手机"等导航文本的超链接文件，分别为 main.html、shouji.html、wanju.html、jishu.html 和 lianxi.html，"目标"均选择 mainFrame 选项。在"页面属性"对话框中，设置导航文本为无下画线及设置各种链接状态时的字体颜色。

（7）为 main.html 网页增加跟随鼠标的彩色文字功能。

【上机操作 5】

制作如图 5-16 所示的表格布局网页，3D 木制拼图商城。

图 5-16　3D 木制拼图商城

操作步骤如下。

所有素材文件都放在 chap5 文件夹中。

新建文件，插入表格，在表格中插入图像，设置表格属性，设置图和文字的对齐属性。

【理论习题 5】

1．网页表格的主要作用是什么？表格是由哪些基本元素构成的？

2．如何取消表格边框线的显示？什么是嵌套表格？嵌套表格有什么作用？

3．创建基于框架的网页大致包括哪些步骤？

第6章

用 CSS 布局网页

使用 CSS 样式可以更有效地对页面的布局、字体、颜色、背景和其他效果实现精确控制，从而轻松地解决网页内容的格式化问题。

资源文件说明：本章案例、习题等相关资源都可以通过扫描二维码获得，本章素材放在"chap6\源文件-chap6"文件夹中。制作完成的文件放在"chap6\完成文件-chap6"文件夹中。读者实操时可将"源文件-chap6"文件夹复制到本地磁盘（例如，D: ）中，并将文件夹改为"学习者姓名-chap6"（例如，"刘小林-chap6"）。

任务 1　创建和应用 CSS 样式及其代码

知识点：创建和应用 CSS 样式及其代码

CSS（Cascading Style Sheets）译为"层叠样式表"或"级联样式表"，是一种非常实用的定义网页元素的规则。CSS 样式是一组设置网页元素外观的格式属性，可以控制使用该样式的所有网页元素，当 CSS 样式更新或修改时，所有使用该样式的网页将会自动更新。

按照 CSS 样式应用的形式，CSS 样式一般分为嵌入式、外部链接式和导入式三种。所谓嵌入式，是指在网页中应用 CSS 样式，CSS 代码嵌入该网页的 HTML 代码中；而外部链接式是指生成专门的 CSS 文件（扩展名为.css），通过链接的方式可以应用于多个网页文档中；导入式表是指在内部样式表的<style>里导入一个外部样式表，导入时用@import.

1. 创建 CSS 样式

1）CSS 样式

CSS 样式由选择符、属性和属性值构成。选择符的种类有很多，基本的选择符有通用选择符（*）、标签选择符、class 选择符、id 选择符等。定义 CSS 样式的语法如下。

选择符{属性 1:值 1; 属性 2:值 2; ......}

例如：

.class2 {font-size:+6;color:#F00;}　　　　//定义了名为 class2 的类样式，该样式规定了字体大小为
+6，字体颜色为红色#F00。

例如：

#div1{font-size:16px;color:green;}　　　　//定义了名为 div1 的 id 选择符样式，该样式规定了字体
大小为 16 像素，字体颜色为绿。

例如：

h1{font-size:+8;color:blue;}　　　　//定义了名为 h1 的标签选择符样式，该样式规定了字体
大小为+8，字体颜色为蓝色

2）如何创建 CSS 样式

属性和属性值有很多，常用的有字体、颜色、背景、边框、边距、填充、浮动、定位等。要编写 CSS 代码需要记住属性和属性值，而要记住众多的属性和属性值实属不易，值得庆幸的是，Dreamweaver CS6 的 CSS 样式定义对话框可以帮助我们轻松地创建 CSS 代码。

使用 CSS 样式，一般是先将指定的格式定义为样式，然后再为需要设置该格式的网页元素应用该样式。在设计网页时，通过属性面板进行属性设置，Dreamweaver CS6 会自动创建 CSS 代码嵌入 HTML 文档中，但这种创建方法通常会产生许多重复无用的代码，开发者难以控制，且当网页较复杂、网站规模较大时，修改和维护将变得十分困难，甚至不可能完成，这令开发者十分头疼。因此，要使用 CSS 样式，必须先打开"CSS 样式"面板，以便于创建、编辑和管理 CSS 样式，同时通过拆分视图，随时对代码变化进行监控。

操作方法：选择菜单"窗口"｜"CSS 样式"命令，打开 CSS 样式面板，CSS 样式面板，如图 6-1 所示。

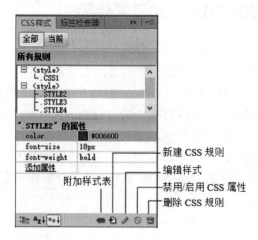

图 6-1　CSS 样式面板

创建 CSS 样式时，单击 CSS 样式面板中的"新建 CSS 规则"按钮，弹出"新建 CSS

规则"对话框，如图 6-2 所示。

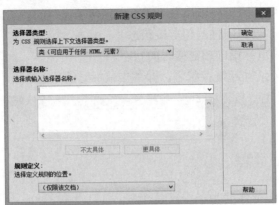

图 6-2 "新建 CSS 规则"对话框

"新建 CSS 规则"对话框中的各选项功能如下。

❖ 类：用于创建自定义样式。如果选择了"类"单选按钮，可在"名称"文本框中
输入自定义样式的类名称，类名称必须以"."为前缀，如果没有输入"."，
Dreamweaver CS6 也会自动添加。以类定义的 CSS 样式，在应用样式时，首先在
网页中选中对象（如图像或文字段落等）；然后在属性面板中的"类"或"目标
规则"下拉列表中选择相应的样式选项即可；例如，定义名为.class2 的类样式代
码如下：

```
.class2{font-size:13px;color:red;}
```

然后，在网页对象中应用此样式；例如，某一段落对象应用此样式的代码如下：

```
<p class=".class2">
```

❖ ID：用于为页面中具有 ID 标识的元素定义样式，ID 名冠以#前缀作为 CSS 选择
符；例如，定义名为 div1 的 ID 样式如下：

```
#div1{ font-size:13px;color:red;}
```

然后，在网页对象中应用此样式；例如，某一 div 对象应用此样式的代码如下：

```
<div id="#div1">
```

❖ 标签：用于定义 HTML 标签样式。若选择"标签"选项卡，可在"选择器名称"
下拉列表中选择标签（例如，body、p、img 等），单击"确定"按钮即可重新定
义该标签的样式。标签样式定义后，会自动应用到相应网页中对应元素。如定义
了名为 h1 的标签选择符样式如下：

```
h1{font-size:+8;color:blue;}
```

❖ 复合内容：用于对超链接的 4 种状态进行样式设置。若选中"复合内容"，可以

通过"选择器名称"下拉列表框进行选项选择，如图 6-3 所示，包括如下选项。

➢ a:link：默认的超链接状态，即不做任何动作时的状态。

➢ a:visited：已访问过的超链接状态。

➢ a:hover：鼠标指向超链接时的状态。

➢ a:active：活动超链接状态，即单击鼠标时的状态。

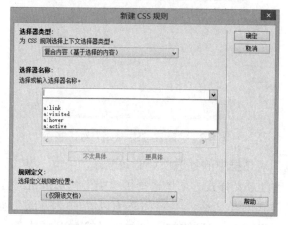

图 6-3　选择"选择器名称"

❖ 仅限该文档：只对当前网页应用样式，是嵌入式样式表。

❖ 新建样式表文件：生成扩展名为.css 的文件，该文件中的样式可应用于多个网页，是外部链接式样式。单击"确定"按钮之后，系统会打开"将样式表文件另存为"对话框。

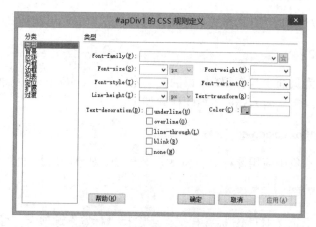

图 6-4　"CSS 规则定义"对话框

无论选择了哪种选择器类型，单击"确定"按钮后，均会打开如图 6-4 所示的"CSS 规则定义"对话框，默认设置，直接单击"确定"按钮。此时，单击代码窗口，可以看到自动创建 CSS 的代码已嵌入 HTML 文档中；例如，"新建 CSS 规则"对话框中，"选择器类型"为"类"，"选择器名称"为.class1，选择规则定义的位置为仅限该文档，单击"确定"按钮后，HTML 中自动创建了 CSS 的代码如下：

```
<style type="text/css">
.class1 {
}
</style>
```

3）CSS 样式属性设置

在 Dreamweaver CS6 中，CSS 样式的定义是通过如图 6-4 所示的"CSS 规则定义"对话框中对相应的属性进行设置来完成的。在"分类"列表框中单击选项可打开相应的选项卡，如图 6-5～图 6-9 所示。各选项卡的功能及对应的属性如表 6-1 所示；例如，设置字体为"宋体"后，Dreamweaver CS6 系统会自动生成 CSS 代码为：

```
font-family: "宋体";
```

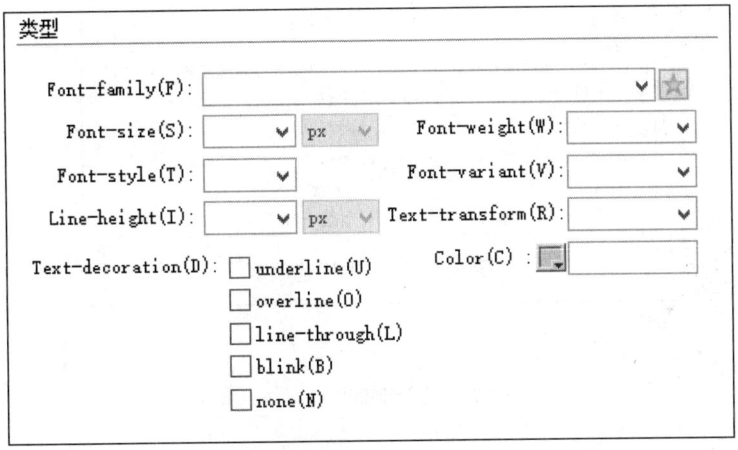

图 6-5　"类型"选项卡

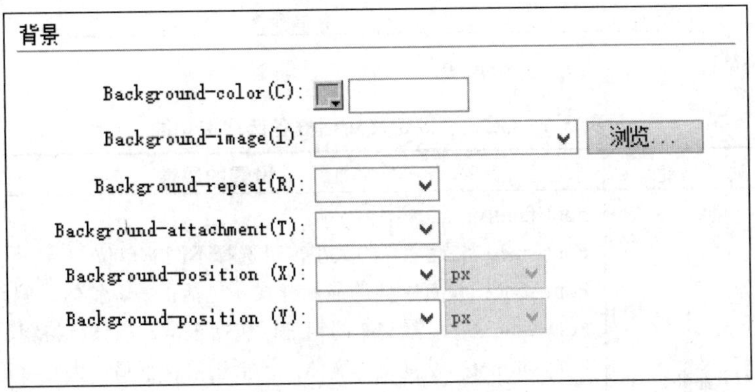

图 6-6　"背景"选项卡

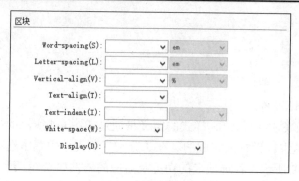

图 6-7　"区块"选项卡

图 6-8　"方框"选项卡

图 6-9　"边框"选项卡

表 6-1　CSS 规则定义对话框各选项卡功能

名　　称	功　　能	设置的属性
类型	定义文本的样式	Font-family：设置字体。 Font-size：设置字号的大小，可选择不同的单位。 Font-style：设置字体的显示样式，包括正常、斜体、偏斜体。 Font-weight：设置文本的粗细，包括正常、粗体、特粗、特细等。 Font-variant：设置文本变体，包括正常、小写、大写字母。 Line-height：设置文本的行高，可选择不同的单位。 Text-transform：设置文本转换，包括首字母大写、小写、无。 Color：设置文本的颜色。 Text-decoration：修饰文本，可选择下画线、上画线、删除线、闪烁和无，一般文本的默认设置是"无"，链接文本的默认设置是"下画线"

名　称	功　能	设置的属性
背景	定义网页对象的背景颜色、背景图像	Background-color：设置对象的背景颜色。 Background-image：设置对象的背景图像。 Background-repeat：当背景图像不能填满时，决定是否重复和如何重复背景图像，有以下 4 种选择： ① no-repeat：不重复填充，在指定位置只显示一次。 ② repeat：横向和纵向重复填充。 ③ repeat-x：图像横向重复填充。 ④ rpeat-y：图像纵向重复填充。 background-attachment：决定背景图像的滚动模式，固定还是随内容一起滚动。 Background-position(X)：设置背景图像的起始水平位置，可选择左对齐、居中对齐、右对齐等。 Background-position(Y)：设置背景图像的起始垂直位置，可选择顶部、居中、底部等
区块	定义区块文本对象的基本样式	Word-spacing：设置文字单词之间的间距。 Letter-spacing：设置字符之间的间距。 Vertical-align：设置文本块的纵向对齐方式。 Text-align：设置文本块的水平对齐方式。 Text-indent：设置首行缩进的距离。 White-space：决定如何处理文本中的空白，有以下 4 种选择： ① nomal：合并空白空格。 ② pre：将所有空格（包括空格、跳格和换行符）都作为文本并且都保留下来。 ③ nowrap：指定文本只有在碰到 BR 标签时才换行。 ④ inherit：继承父级容器的该属性。 Display：设置文本的显示方式，有不显示、行内、块等显示方式
方框	控制网页对象的布局	Width：设置对象的宽度。 Height：设置对象的高度。 Float：设置对象的浮动方式，有左浮动、右浮动、不浮动。 Clear：清除对象的浮动，有左清除、右清除、双向清除和不清除。 Padding：定义指定对象中的内容与其边框的间距，也称为内边距。 Margin：定义指定对象与其他元素之间的间距，也称为外边距
边框	定义对象边框的相关属性	有顶、右、底、左四边。 Style：设置边框的样式，包括虚线、点画线、实线、双线、槽状、脊状、凹陷、凸出等。 Width：设置边框的粗细，有细、中、粗和数值选项。 Color：设置边框的颜色

名　称	功　能	设置的属性
列表	定义列表的样式属性	List-style-type：列表项目符号或编号的外观。 List-style-image：自定义项目符号的图像，可以直接输入图像文件名（包括路径），或单击"浏览"按钮选择一幅图像。 List-style-Position：设置列表项是缩进还是边缘对齐。选择"内"为缩进，选择"外"为边缘对齐
定位	定义 AP 元素在网页中的位置	Position：决定浏览器定位块元素的方式，有 3 种选择，默认为 static。 absolute：绝对定位，相对于 DOM 树中距其最近的非静态定位的父元素的左上角进行定位。如果父元素均未使用定位属性，则以浏览器左上角为坐标原点进行定位。 relative：相对定位，以父元素左上角为坐标原点进行定位。 　static：以元素在标准流中的位置自然定位 Visibility：决定层的初始显示状态。有 3 种选择，默认为"继承"。 inherit：继承上级层的可见性属性。 visible：显示层的内容而不考虑其上级层的可见属性。 hidden：隐藏层的内容而不考虑其上级层的可见属性。 Z-Index：决定层的叠放顺序，编号高的层显示在编号低的层之上。 Overflow：设置当层中内容超出层的大小时的处理方式，有以下 4 种选择： ① visible：向右下方扩展层的大小使其所有内容均可见。 ② hidden：保持层的大小，隐藏其超出部分，没有滚动条。 ③ scroll：无论内容是否超出层的大小均为层添加滚动条。 ④ auto：只有当内容超出层的大小时才出现滚动条。 Placement：定位元素放置的位置。 Clip：裁剪（当只显示定位元素的一部分时使用）
扩展	自定义其他对象的扩展样式	分页：打印页面时，强制在由样式控制的对象之前或之后分页。 光标：在指针位于由样式控制的对象之上时改变指针图像。 过滤器：将特殊效果（包括模糊和倒置等）应用于受样式控制的对象。其中有些效果浏览器可能不支持

📢**注意：** 如果使用 Dreamweaver CC 版本，创建 CSS 样式方法为：选择菜单"窗口"|"CSS 样式"命令，打开 CSS 样式面板，单击 CSS 样式面板底部的"新建 CSS 规则"按钮 🔁，会弹出两个选项，一是"新建 CSS 样式"，另一是"新建外部 CSS 样式表"；选择哪个选项，系统都会自动生成相应的 CSS 代码。不同点是，选择"新建外部 CSS 样式表"选项时，会弹出"新建外部 CSS 样式表"文件另存为对话框，并且系统会在此新建的 CSS 样式表文件中自动生成 CSS 代码。

2. 应用 CSS 样式

使用 CSS 修饰网页格式时，常用的应用方式有 4 种。

1）行内样式

行内样式是混合在 HTML 标记里使用的，用这种方法，可以很简单地对某个元素单独定义样式。行内样式的使用是直接在 HTML 标记里添加 style 参数，而 style 参数的内容就是 CSS 的属性和值，在 style 参数后面的引号里的内容相当于在样式表大括号里的内容。
基本语法如下：

```
<标记  style="样式属性：属性值；样式属性：属性值…">
如一个表格：<table style="color:red;margin-right:120px>
```

2）内嵌样式

这种 CSS 一般位于 HTML 文件的头部，即<head>与</head>标签内，并且以<style>开
始，以</style>结束。内嵌样式允许在它们所应用的 HTML 文档的顶部设置样式，然后在整
个 HTML 文件中直接调用该样式，这些定义的样式就应用到页面中了。内嵌样式基本语法
如下：

```
< style  type="text/css">
<!--
选择符 1 (样式属性：属性值；样式属性：属性值…)
选择符 2 (样式属性：属性值；样式属性：属性值…)
-->
</style>
```

例如，下面 CSS 代码是内嵌 CSS 样式的一个例子，其中定义了一个标签（body）样式、
一个 ID（#apDiv1）样式和一个类（.class1）样式。

```
<style type="text/css">
<!--
body {
      background-color: #FFFFCC;
}
#apDiv1 {
      position: absolute;
      left: 50px;
      top: 100px;
      width: 200px;
      height: 150px;
      z-index: 1;
}
.class1 {
font-size: 18px;
color: #006600;
font-weight: bold;
}
-->
</style>
```

3）链接外部样式

链接外部样式就是在网页中调用已经定义好的样式来实现样式的应用，它是一个单独
的文件，然后在页面中用<link>标记链接到这个样式文件，这个<link>标记必须放到页面的
<head>区内。这种方法最适合大型网站的 CSS 样式定义。链接样式基本语法如下：

119

```
< link   type="text/css"   rel="stylesheet"   href="外部样式表文件名">
```

4）导入外部样式

导入外部样式是指在内部样式的<style>里导入一个外部样式，导入时用@import。导入样式基本语法如下：

```
< style   type="text/css">
    @import url("外部样式表文件名");
</style>
```

如果以上 4 种方式中的两种用于同一个页面后，就会出现优先级的问题。4 种样式的优先级别是(从高至低)：行内样式、内嵌样式、链接外部样式、导入样式。

【案例 6-1】 创建和应用行内-内嵌 CSS 样式

操作步骤如下。

（1）启动 Dreamweaver CS6，新建或打开站点"源文件-chap6"，打开网页 chap6-1.html。

（2）单击 CSS 样式面板底部的"新建 CSS 规则"按钮，在弹出的"新建 CSS 规则"对话框中选中"类"单选按钮选项。

（3）在"选择器名称"文本框中输入自定义的 CSS 样式类名称为.class1，选择位置为"（仅限该文档）"。单击"确定"按钮，打开".class1 的 CSS 规则定义"对话框。此时，在代码窗口中<head></head>之间自动生成的代码如下：

```
<style type="text/css">
.class1 {
}
</style>
```

（4）在"类型"选项卡中设置字体为宋体、字体大小为 18px，行高为 1.5em，颜色为蓝色（#0000FF），如图 6-10 所示。

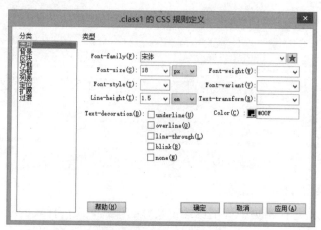

图 6-10 设置"类型"属性

（5）在"背景"选项卡中设置背景颜色为#CCFFFF。

（6）单击"确定"按钮，一个 CSS 样式创建完成。新的 class1 样式立即显示在"CSS 样式"面板中。此时，在代码窗口中，可以看到自动生成的代码如下：

```
<style type="text/css">
.class1 {
    font-size: 18px;
    line-height: 1.5em;
    color: #0000FF;
    font-family: "宋体";
    background-color: #CCFFFF;
}
</style>
```

（7）将.class1 样式应用到文本。在文档中选中要应用.class1 样式的文本，如选中正文所有段落，单击"属性"面板中的"目标规则"下拉列表框，选择"class1"样式，如图 6-11 所示。可以看到网页正文变为大小为 18 像素的蓝色字、浅青色背景。此时，在代码窗口，查看代码，可看到正文第 1 段前面的 HTML 代码如下：

```
<p class="class1">
```

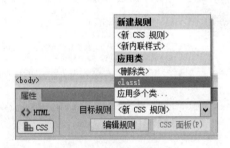

图 6-11　应用 CSS 样式

（8）为标签 h1 重新定义样式。在 CSS 样式面板中，单击新建 CSS 规则按钮，选择器类型为"标签"，在"名称"框中选择 h1，设置 h1 的字体为"楷体"，橙色（#F60）。因文档中标题文字的样式已设置为 h1 标记；所以，此时，可以看到文档标题文字变为楷体和橙色了。查看代码，可看到标题文字的 HTML 代码如下：

```
<h1 align="center">广东奥林匹克体育中心</h1>
```

（9）为标题文字创建行内 CSS 样式即将标题文字添加粉色背景。在代码窗口中，在 <h1 align="center">标记内添加代码如下：

```
style="background-color:#FCF"
```

完成后代码如下：

```
<h1 align="center" style="background-color:#FCF">广东奥林匹克体育中心</h1>
```

121

此时，在设计窗口，可以看到标题文字具有粉色背景效果。

（10）新建 id 选择符样式名为#div1，在代码窗口中，在</style>前面输入如下代码：

```
#div1{
    background-color: #FCF;
    font-size: 16px;
}
```

（11）对网页的最底部"住宿"等三行文本应用 div1 样式。操作方法：在代码窗口中，在网页的最底部"住宿"前面 div 标记应用 div1 样式即代码为：

```
<div id="div1">
```

此时，"住宿"三行文本变为粉色背景，字体大小为 16px。

（12）保存文件并预览网页，如图 6-12 所示。

图 6-12　应用内嵌 CSS 样式后的网页效果

完成后，6-1.html 文件的 HTML 代码如下：

```
<!DOCTYPE >
<html>
<head>
<meta http-equiv="Content-Type" content="text/html; charset=utf-8" />
<title>内嵌式 CSS 样式</title>
<style type="text/css">
.class1 {
    font-size: 18px;
    line-height: 1.5em;
    color: #00F;
```

```
        font-family: "宋体";
        background-color: #CCFFFF;
}
h1 {
        font-family: "楷体";
        color: #F60;
}
#div1{
        background-color: #FCF;
        font-size: 16px;
}
</style>
</head>
<body>
<h1 align="center" style="background-color:#FCF">广东奥林匹克体育中心</h1>
<p align="center"><img src="images/pic3.jpg" alt="" width="200" height="150" hspace="30"
vspace="30" align="left" class="css2" /></p>
<p class="class1">       广东奥林克体育中心位……，是
广州市标志性建筑之一。<br />
广东奥林匹克体育中心位于东圃镇黄村，……清楚地看到运动场内的情形。</p>
<div id="div1"> 住宿:广东奥林匹克大酒店<br />
地址:广州市天河区东圃奥林匹克体育中心北 A5 门<br />
交通:广州火车东站总站乘坐公交 506 路抵达黄村立交，步行约一千米可至。</div>
</body>
</html>
```

任务 2　创建和链接外部 CSS 样式表

知识点：创建与链接外部 CSS 样式表

　　链接式外部 CSS 样式表以文件的形式存放在文件夹中，扩展名为.css，可应用于多个网页。与 HTML 文件一样，外部链接式 CSS 样式表文件也是纯文本文件，可以使用文本编辑器创建和编辑，完成后保存为扩展名为.css 即可。但是这种方法对创建者要求太高，不适合初学者。与创建嵌入式 CSS 样式表一样，Dreamweaver CS6 也提供了通过交互方式创建链接外部 CSS 的方法，快捷准确。

　　如果外部 CSS 文件是在网页文档打开时创建，则 Dreamweaver CS6 会为当前网页文档添加链接到该 CSS 文件的代码：

```
<link href="CSS 文件名" rel="stylesheet" type="text/css" />
```

　　如果 CSS 文件是在其他地方创建的，则要单击 CSS 样式面板下方的 按钮，然后在对话框中通过单击"浏览"按钮，选择 CSS 文件来创建当前网页文档与 CSS 文件的链接，

123

如图 6-13 所示；或直接将文件面板中相应的 CSS 文件拖入代码视图的头部标签（<head></head>）之间，也可以创建文档到 CSS 文件的链接。链接创建之后便可以如嵌入式 CSS 一样使用 CSS 文件中所定义的样式了。

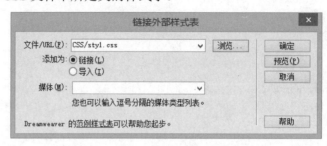

图 6-13　"链接外部样式表"对话框

【案例 6-2】　创建并链接外部 CSS 样式表

案例功能说明：创建外部 CSS 样式文件并链接到网页文件中，完成后的网页效果图，如图 6-14 所示。

图 6-14　链接外部 CSS 样式表后的网页效果

操作步骤如下。

（1）启动 Dreamweaver CS6，新建或打开站点"源文件-chap6"，打开站点中的网页 chap6-2.html。

（2）单击 CSS 样式面板下方的"新建 CSS 规则"按钮，打开"新建 CSS 规则"对话框。在选择器类型中选择"标签（重新定义 HTML 元素）"，在选择器名称列表框中选择"body"选项，规则定义选择"（新建样式表文件）"选项，如图 6-15 所示。

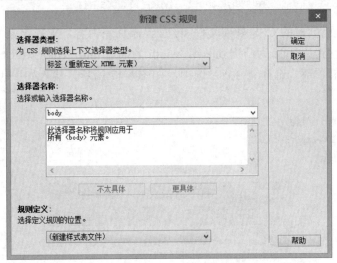

图 6-15　创建外部 CSS 样式表文件

（3）在"将样式表文件另存为"对话框中，将文件保存在 CCS 文件夹，文件名为 sty1，单击"保存"按钮，保存时 Dreamweaver CS6 会自动设置扩展名.css，如图 6-16 所示。

图 6-16　保存于 CSS 文件夹下并给文件命名

（4）弹出"CSS 规则定义"对话框，在"背景"选项卡中背景颜色为粉色（#FFCCFF）。单击"确定"按钮，完成了 CSS 样式类的创建。此时，CSS 样式面板中会出现刚刚创建的

body 样式。同时，在代码窗口，Dreamweaver CS6 已经在标签\<head\>....\</head\>中自动添加以下代码：

```
<link href="CSS/sty1.css"  rel="stylesheet"  type="text/css">
```

（5）接着为已创建的 CSS 外部文件 sty1.css 添加新内容，重新定义 table 标签（即设置表格的边框属性为：Style 为凸出 outset，width 为细边 thin，color 为#CC0000），操作方法：在代码窗口的顶部，选择 sty1.css*选项，如图 6-17 所示，输入如下代码：

```
table {
    border: thin outset #CC0000;
    background-color: #FCC;
}
```

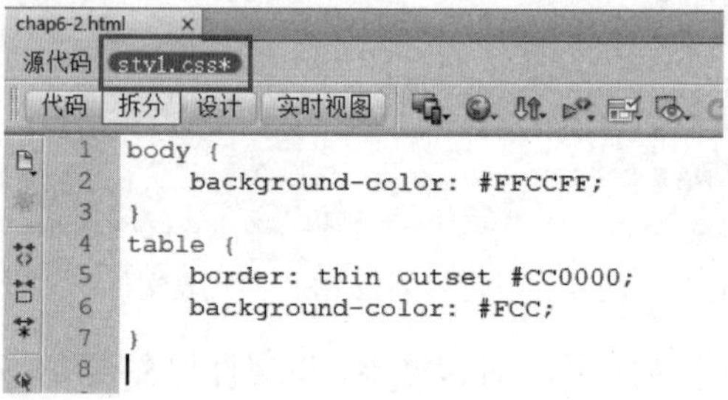

图 6-17　sty1.css*文件窗口中输入代码

（6）为导航文本定义类样式.class1（即设置样式规则为字体大小 18px，微软雅黑，加粗）。操作方法：在文件 sty1.css 窗口中，输入如下代码：

```
.class1 {
    font-family: "微软雅黑";
    font-size: 18px;
    font-weight: bold;
}
```

（7）类似的方法定义样式。正文类样式.class2 定义为字体大小 18px，行距 1.5 倍，宋体；标题 h1 标签样式定义为楷体，字体颜色 Color 为橙色#F60。网页底部文本 ID 样式#div1 定义为背景色为粉色#FCF，字体大小为 16px。操作方法：在文件 sty1.css 窗口中，如下代码中输入.class2、 h1 和#div1 样式的代码，完成后 CCS 文件夹下的 sty1.css 样式文件的代码如下：

```
body {
    background-color: #FFCCFF;}
table {
    border: thin outset #CC0000;
    background-color: #FCC;}
.class1 {
    font-family: "微软雅黑";
```

```
        font-size: 18px;
        font-weight: bold;}
.class2 {
        font-size: 18px;
        line-height: 1.5em;
        font-family: "宋体";}
h1 {
        font-family: "楷体";
        color: #F60;}
#div1{
        background-color: #FCF;
        font-size: 16px;}
```

（8）应用样式。body，h1 标签样式已自动作用于文档中标题，而其他样式则须手动应用。操作方法：在代码窗口中，如图 6-17 所示，选择"源代码"选项，在文本导航"首页"前面的 HTML 标记<td height="50">中添加代码 **class="class1"**，完成后代码如下：

```
<td height="50" class="class1">首页｜…博客</td>
```

相同方法，在正文第 1 段的前面标记中添加代码 **class="class2"** 后代码如下：

```
<p class="class2">   2004 年 3 月 15 日…提供更多的选择。</p>
```

在客服热线前面标记中添加代码 **id="div1"** 后代码如下：

```
<div align="center"  id="div1">客服热线：020-12345678 …;魅力花城</div>
```

（9）保存并浏览网页。完成后，链接外部 CSS 样式表 css/sty1.css 后的网页文件 chap6-2.html 的文件头部 HTML 代码如下：

```
<!DOCTYPE>
<html>
<head>
<title>链接外部 CSS 样式表</title>
<meta http-equiv="Content-Type" content="text/html; charset=gb2312">
<link href="css/sty1.css" rel="stylesheet" type="text/css">
</head>
```

任务3　用列表+CSS 制作导航栏

知识点：无序列表、方框、边框和浮动 float

用列表和 CSS 制作导航栏是业内流行的导航栏制作方法。使用列表+CSS 制作导航栏，不仅可以随意布局导航栏；而且，结合伪类很容易实现不同状态下的外观，从而产生视觉上的动态效果，甚至可以方便地制作以往使用图片和动画才能实现的精致效果。

【案例 6-3】 制作纵向导航栏

本案例功能：在浏览本网页时，左侧是一纵向导航栏，鼠标指针滑过时文字由灰色变为黄色，背景呈下陷的视觉效果，如图 6-22 所示。

操作步骤如下。

（1）启动 Dreamweaver CS6，新建或打开站点"源文件-chap6"，双击打开网页 chap6-3.html，选择"拆分"视图，以便随时观察对照代码和设计效果，以及插入光标精确定位。

（2）在设计窗口中，选择首页等 6 行文本，在属性面板中，链接为#，单击 按钮插入无序列表，完成后如图 6-18 所示。

图 6-18　创建列表项后的效果

（3）为 ul 定义类 CSS 样式。打开"CSS 样式"面板，单击 按钮新建 CSS 规则，在弹出的对话框中选择"类"选择器，并在名称中输入".navi"，规则定义 "（仅限该文档）"，按如图 6-19 所示定义矩形框宽为 150px 和高为 300px，以及内边距 Padding 为 0px（内边距为 0 可以去除列表项 li 的左缩进，便于左对齐或居中），其他全部相同。此时，在代码窗口中，可以查看到自动生成了代码如下：

```
<style type="text/css">
    .navi {padding: 0px;height: 300px;width: 150px; }
</style>
```

（4）将.navi 样式应用到 ul 标记中，操作方法：将光标定位在<ul>…</ul>之间的任意位置即可，单击窗口下方的标签选择栏按钮选择<ul>标签，在属性面板中打开"目标规则"下拉列表，选择刚才定义的类 navi，将该样式应用到 ul 元素，如图 6-20 所示。此时，在代码窗口中，可以查看到代码自动变为：

```
<ul class="navi">
```

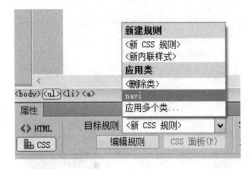

图 6-19　定义 .navi 类的 CSS 样式　　　　图 6-20　将 .navi 类样式应用到 ul 元素

（5）为 li 定义 CSS 样式。在标签选择栏上选择<li>标签，单击 CSS 样式面板中的 按钮，在弹出的对话框中参数保持默认（即复合内容，.navi li，仅限该文档），在 ".navi li 的 CSS 规则定义" 对话框的 "方框" 中设置宽为 150px，高为 50px；在 "列表" 中定义 List-style-type 为 none，单击 "确定" 按钮，此时设计视图中的效果如图 6-21 左图所示。在代码窗口中，自动生成的代码如下：

```
.navi li {
        height: 50px;
        width: 150px;
        list-style-type: none;
}
```

（6）为超链接 a 定义 CSS 样式。光标置于超链接文字处，在标签选择栏选择<a>标签，单击 CSS 样式面板中的 按钮，在弹出的对话框中参数保持默认（即复合内容，.navi li a，仅限该文档），在 ".navi li a 的 CSS 规则定义" 对话框的 "类型" 中设置 Font-size 为 18px，Color 为 #CCC，Text-decoration 为 none；在 "背景" 中设置 Background-color 为#339；在 "区块" 中设置 Text-align 为 center，Display 为 block（显示为块模式的超链接可以通过方框和边框设置模拟矩形按钮）；在 "方框" 中设置 Padding 全部为 15px；在 "边框" 中设置 Style 为 solid，Width 为 2px，Color 的 Top 和 Left 为#66C，Right 和 Bottom 为#226（左、上设置浅色，右、下为深色，模拟光线从左上角投射），单击 "确定" 按钮，此时设计视图中的效果，如图 6-21 右图所示。在代码窗口中，可看到自动生成的代码如下：

```
.navi li a {
        font-size: 18px;
        color: #ccc;
        text-decoration: none;
        background-color: #339;
        text-align: center;
        display: block;
        border: 2px;
        border-style: solid;
        border-top-color: #66c;
        border-right-color: #226;
```

```
    border-bottom-color: #226;
    border-left-color: #66c;
    padding: 15px;
}
```

图 6-21　超链接 CSS 规则定义前后设计视图的效果　　图 6-22　纵向导航栏效果

（7）为超链接的鼠标滑过状态定义 CSS 样式。光标置于超链接文字处，在标签选择栏选择\<a\>标签，单击 CSS 样式面板中的 🔁 按钮，在弹出的对话框中将选择器名称框中的.navi li a 改为.navi li a:hover（即在后面加:hover），在".navi li a:hover 的 CSS 规则定义"对话框中，在"类型"中设置 Color 为#FF0；在"边框"中设置 Color 的 Top 和 Left 为#226，Right 和 Bottom 为#66C，单击"确定"按钮。在代码窗口中，看到自动生成的代码如下：

```
.navi li a:hover {
    color: #FF0;
    border-top-color: #226;
    border-right-color: #66C;
    border-bottom-color: #66C;
    border-left-color: #226;
}
```

（8）保存文件，预览网页，如图 6-22 所示。

【实训 6-1】　制作横向航栏

本案例功能说明：与【案例 6-3】纵向导航栏的区别是导航栏由纵向改为横向，主要是通过列表项 li 元素的显示模式改为 inline（即将块元素改变为行内元素），以及 float: left;左浮动来实现；如图 6-23 所示。

图 6-23　横向导航栏效果

操作步骤如下（方法是直接修改前面案例纵向导航栏网页中的 CSS 样式属性）。

（1）启动 Dreamweaver CS6，新建或打开站点"源文件-chap6"，双击打开网页 chap6-3.html，另存为 chap6s-1.html，选择"拆分"视图，以便随时观察对照代码和设计效果，以及插入光标精确定位。在代码窗口中，纵向导航栏网页 HTML 中的 CSS 样式代码如下：

```css
<style type="text/css">
.navi {
    height: 300px;
    width: 150px;
    padding: 0px;
}
.navi li {
    height: 50px;
    width: 150px;
    list-style-type: none;
}
.navi li a {
    font-size: 18px;
    color: #ccc;
    text-decoration: none;
    background-color: #339;
    text-align: center;
    display: block;
    border: 2px;
    border-style: solid;
    border-top-color: #66c;
    border-right-color: #226;
    border-bottom-color: #226;
    border-left-color: #66c;
    padding: 15px;
}
.navi li a:hover {
    color: #FF0;
    border-top-color: #226;
    border-right-color: #66C;
    border-bottom-color: #66C;
    border-left-color: #226;
}
</style>
```

（2）将.navi 样式属性中的高改为 50px,宽改为 6x150=900px.navi {height: 300px; width: 150px;将 padding: 0px;}修改为：.navi{ height: 50px; width: 900px;padding: 0px。

（3）将.navi **li** 样式属性中的高改为 50px,宽改为 150px，以及修改行内显示、左浮动。

将.navi li {height: 50px;width: 150px;list-style-type: none;} 修改为：.navi li {height: 50px; width: 150px;display: inline;float: left;}。

（4）保存文件，预览网页。

任务 4　CSS 盒子模型及其定位与浮动

知识点：CSS 盒子模型及其定位与浮动 float

如果想尝试一下不用表格来排版网页，而是用 CSS 来排版网页，提高网站的竞争力，那么一定要接触到 CSS 的盒子模式，这是 CSS＋DIV 排版的核心所在。传统的表格排版是通过大小不一的表格和表格嵌套来定位排版网页内容，改用 CSS 排版后，就是通过由 CSS 定义的大小不一的盒子和盒子嵌套来编排网页。因为用这种方式排版的网页代码简洁，更新方便，能兼容更多的浏览器。

1. 认识盒子模型

盒子模型实际就是把 HTML 页面中的元素都看作一个装了东西的矩形盒子，也就是一个盛装内容的容器，每个矩形盒子都由四个独立部分组成，如图 6-24 所示。

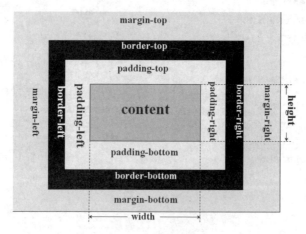

图 6-24　盒子模型图

❖　最外边的是边界（margin）。
❖　第 2 部分是边框（border），4 个边框可以有不同的样式。
❖　第 3 部分是填充（padding），填充用来定义内容区域与边框（border）之间的空白。
❖　第 4 部分是内容区域（content）。
盒子模型实际宽度=左边界+左边框+左填充+内容宽度+右填充+右边框+右边界。
盒子模型实际高度=上边界+上边框+上填充+内容宽度+下填充+下边框+下边界。

盒子模型的 margin 属性和 padding 属性比较简单，只能设置宽度值，最多分别对上、右、下、左设置宽度值。而边框 border 则可以设置宽度、颜色和样式。border 是 CSS 的一个属性，用它可以给 HTML 标记（如 td、Div 等）添加边框，它可以定义边框的样式（style）、宽度（width）和颜色（color），利用这 3 个属性相互配合，能设计出很好的效果。

1）边框样式（border-style）

border-style 定义元素的 4 个边框样式。如果 border-style 设置全部 4 个参数值，将按上、右、下、左的顺序作用于 4 个边框。border-style 属性用于统一设置 4 个边框样式；例如，设置 4 个边框样式都为单实线的代码如下：

```
border-style:solid;
```

基本语法如下。

border-style：样式值。

border-top-style：样式值。

border-right-style：样式值。

border-bottom-style：样式值。

border-left-style：样式值。

边框常用样式值如下。

none：没有边框（默认值）。

solid：单实线边框。

dashed：虚线边框。

dotted：点线边框。

double：双实线边框。

2）边框颜色（border-color）

设置边框颜色非常简单。CSS 使用一个简单的 border-color 属性，可以使用任何类型的颜色值；例如，可以是命名颜色，也可以是十六进制和 RGB 值。border-color 属性用于统一设置 4 个边框颜色。例如：

```
border-color:#ccf;
```

基本语法如下。

border-color：颜色值。

border-top-color：颜色值。

border-right-color：颜色值。

border-bottom-color：颜色值。

border-left-color：颜色值。

3）设置内边距（padding）

Padding 属性设置元素所有内边距的宽度，或者设置各边上内边距的宽度；例如，设置上下左右 4 个内边距都为 50px 的代码如下：

```
padding:50px;
```

基本语法如下。

padding：值。

padding -top：值。

padding -right：值。

padding -bottom：值。

padding -left：值。

4）设置外边距（margin）即边界

设置外边距的最简单的方法就是使用 margin 属性，这个属性接受任何长度单位、百分数值甚至负值。外边距属性是用来设置页面中一个元素所占空间的边缘到相邻元素之间的距离；例如，设置上下左右外边距值都为 0px 的代码如下：

```
margin:0px;
```

基本语法如下。

margin：边距值。

margin-top：上边距值。

margin-right：右边距值。

margin-bottom：下边距值。

margin-left：左边距值。

【案例 6-4】 CSS 盒子模型-为网页元素设置边框等属性

本例功能：用 CSS 为网页中图和段落等元素设置边框-内边距-外边距等属性，如图 6-25 所示。

图 6-25 用 CSS 设置图和段落的边框等属性效果图

操作步骤如下。

（1）启动 Dreamweaver CS6，新建或打开站点"源文件-chap6"，双击打开网页 chap6-4.html，选择"拆分"视图，以便随时观察。

（2）定义类 CSS 样式名为.border。操作方法：打开"CSS 样式"面板，单击 🗗 按钮新建 CSS 规则，在弹出的对话框中选择"类"选择器，并在名称中输入".border"，规则定义"（仅限该文档）"，单击"确定"按钮，打开".border CSS 规则定义"对话框，单击"确定"按钮。此时，在代码窗口中，自动生成了如下 CSS 代码：

```
<style type="text/css">
.border {
}
</style>
```

（3）为.border 样式属性设置边框的粗细都为 5px、都为单实线、颜色都为橙色#F60，操作方法：在代码窗口中，添加 CSS 样式代码，完成后代码如下：

```
.border{border:5px solid #F60;}
```

（4）为 img 标签设置 CSS 样式，图像 4 个方向内边距相同为 20px，单独设置图像下内边距为 10px，操作方法：在代码窗口中，添加 CSS 样式代码如下：

```
img{padding:20px; padding-bottom:10px; }
```

（5）为 p 标签设置 CSS 样式，段落的上外边距 20px，左外边距 0px，段落 4 个方向内边距相同为 10px。操作方法：在代码窗口中，添加 CSS 样式如下代码：

```
p{ margin-top:20px; margin-left:0px; padding:10px; }
```

（6）将定义的 CSS 样式应用到网页图片和段落中，操作方法：在代码窗口中，<img>标记中添加代码 class="border"，同样在<p>标记中添加代码 class="border"。

（7）保存文件，预览网页，chap6-4.html 网页文件完成后的 HTML 代码如下：其中/*…*/只是代码功能的文字说明，不影响代码功能。

```
<!DOCTYPE>
<html>
<head>
<meta http-equiv="Content-Type" content="text/html;charset=utf-8">
<title>边框-内边距-边界 margin</title>
<style type="text/css">
.border{border:5px solid #F60;}      /*为图像和段落设置边框粗细、单实线、橙色*/
img{
    padding:20px;                     /*图像 4 个方向内边距相同*/
    padding-bottom:10px;              /*单独设置下内边距*/
    }
p{ margin-top:20px;                   /*p 段落的上外边距即 p 上边缘离图下边框之间的距离*/
```

```
    margin-left:0px;                        /*p 段落的左外边距即 p 左边缘离图页面左边之间的距离*/
    padding:10px;                           /*段落 4 个方向内边距相同*/
  }
</style>
</head>
<body>
<div align="center"><img class="border" src="images/c6-6.jpg"  /></div>
<p align="center" class="border">本段落上边缘离图下边框之间的距离 20px，段落的左边界为
0px</p></html>
```

2. 盒子的定位和浮动

CSS 为定位和浮动提供了一些属性，利用这些属性，可以建立列式布局，将布局的一部分与另一部分重叠，还可以完成通常需要使用多个表格才能完成的任务。定位的基本思想很简单，它允许定义元素框相对于其正常位置应该出现的位置，或者相对于父元素、另一个元素甚至浏览器窗口本身的位置。

1）元素的定位属性

元素的定位属性主要包括定位模式和边偏移两部分，在 CSS 布局中，position 属性很重要，很多特殊容器的定位必须用 position 来完成，position 属性有 4 个值，分别为：static、absolute、fixed、relative，其中 static 是默认值，代表无定位。position 属性用于定义元素的定位模式，其基本语法格式如下：

选择器{position:属性值;}

常用属性和含义如表 6-2 所示。

表 6-2   position 属性的常用值

值	含　义
static	自动定位（默认定位方式）
relative	相对定位，相对于其原文档流的位置进行定位
absolute	绝对定位，相对于其上一个已经定位的父元素进行定位
fixed	固定定位，相对于浏览器窗口进行定位

定位模式（position）仅仅用于定义元素以哪种方式定位，并不能确定元素的具体位置。在 CSS 中，通过边偏移属性 top、bottom、left 或 right，来精确定义定位元素的位置，其中各属性的含义如下。

top：顶端偏移量，定义元素相对于其父元素上边线的距离。

bottom：底部偏移量，定义元素相对于其父元素下边线的距离。

left：左侧偏移量，定义元素相对于其父元素左边线的距离。

right：右侧偏移量，定义元素相对于其父元素右边线的距离。

2）静态定位（static）

static，无特殊定位，它是 html 元素默认的定位方式，即不设定元素的 position 属性时

默认的 position 值就是 static，它遵循正常的文档流对象，对象占用文档空间，该定位方式下，top、right、bottom、left、z-index 等属性是无效的。

3）相对定位（relative）

相对定位是一个非常容易掌握的概念。如果对一个元素进行相对定位，它将出现在它所在的位置上。然后，可以通过设置垂直或水平位置，让这个元素"相对于"它的起点进行移动。如果将 top 设置为 20px，那么框将在原位置顶部下方 20 像素的地方。如果 left 设置为 30 像素，那么会在元素左边创建 30 像素的空间，也就是将元素向右移动。

4）绝对定位（absolute）

当元素的 position 属性值为 absolute 时，为绝对定位；绝对定位是将元素依据最近的已经定位（绝对、固定或相对定位）的父元素进行定位，若所有父元素都没有定位，则依据 body 根元素（浏览器窗口）进行定位。

5）固定定位（fixed）

当元素的 position 属性值为 fixed 时，这个元素即被固定定位了。固定定位和绝对定位非常类似，不过被定位的元素不会随着滚动条的拖动而变化位置，固定定位是相对于"当前浏览器窗口"来进行的定位，在视野中，固定定位的元素的位置是不会改变的。

6）盒子的浮动

在 CSS 中，通过 float 属性来定义浮动，所谓元素的浮动是指设置了浮动属性的元素会脱离标准文档流的控制，移动到其父元素中指定位置的过程。其基本语法格式如下。

```
选择器{float:属性值;}
```

常用的 float 属性值及含义如下：

left：对象居左浮动，文本流向对象的右侧。

right：对象居右浮动，文本流向对象的左侧。

none：对象不浮动，该值为默认值。

【案例 6-5】　CSS 盒子的定位与浮动

本例功能：用 CSS 为网页元素 div 容器设置定位属性。完成后 CSS 样式代码及实时视图如图 6-26 所示。

操作步骤如下。

（1）启动 Dreamweaver CS6，新建或打开站点"源文件-chap6"，双击打开网页 chap6-5.html，选择"拆分"视图，以便随时观察。

（2）定义 CSS 样式名为#sta。操作方法：打开"CSS 样式"面板，单击 🔁 按钮新建 CSS 规则，在弹出的对话框中选择 ID 选择器，并在名称中输入#sta，规则定义"（仅限该文档）"，单击"确定"按钮，打开"#sta CSS 规则定义"对话框，单击"确定"按钮。此时，在代码窗口中，自动生成了 CSS 代码：#sta {}，在{}中添加 CSS 样式代码，添加完后的代码如下：

```
#sta{position:static;
    width:400px; height:200px;
```

```
        left:20px;
        background-color:#FCF;
        border:2px outset #000000;}
```

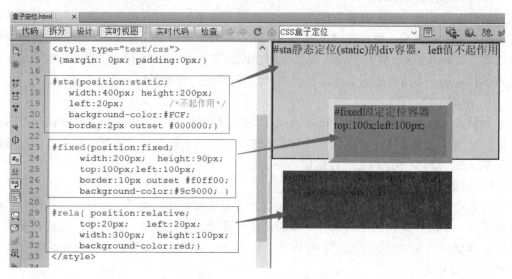

图 6-26 盒子的定位

（3）同样方法，定义 CSS 样式名为#fixed，在代码窗口中，在#fixed {}中添加 CSS 样式代码，添加完成后的代码如下：

```
#fixed{position:fixed;
    width:200px;height:90px;
    top:100px;left:100px;
    border:10px outset #f0ff00;
    background-color:#9c9000; }
```

（4）同样方法，定义 CSS 样式名为#rela，在代码窗口中，在#rela {}中添加 CSS 样式代码，添加完成后的代码如下：

```
#rela{ position:relative;
    top:20px;left:20px;
    width:300px;height:100px;
    background-color:red;}
```

（5）保存文件，预览网页。

（6）在代码窗口中，在#rela {....} CSS 代码中再添加右浮动属性即添加代码：float:right;再浏览网页，可得到另一种效果，如图 6-27 所示。

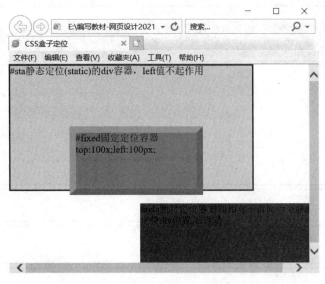

图 6-27　盒子的定位及右浮动效果

任务 5　使用 DIV+CSS 布局网页

知识点：DIV+CSS 布局和 SEO

DIV+CSS 是 WEB 设计标准，它是一种网页的布局方法。与传统中通过表格（table）布局定位的方式不同，它可以实现网页页面内容与表现相分离。

DIV 元素是用来为 HTML 文档内大块的内容提供结构和背景的元素，是层叠样式表中的定位基础，全称 Division。以 DIV 为容器承载网页内容，以 CSS 来定义其样式；例如，通过 CSS 来改变 DIV 元素的定位方式和定位坐标，以及背景颜色或背景图像等，即可完成网页的灵活布局和美化。

使用 DIV+CSS 布局的网站有许多优点；例如，可以实现对搜索引擎优化（Search Engine Optimization，简称 SEO），以此提高网站访问排名，还可以提高网站的可维护性。

无论使用表格还是 CSS，网页布局都是把大块的内容放进网页的不同区域里面。有了CSS，最常用来组织内容的元素就是<div>标签。CSS 排版是一种很新的排版理念；首先，要将页面使用<div>整体划分几个模块；然后，对各个模块进行 CSS 定位，最后在各个模块中添加相应的内容。

1. 页面用 div 盒子分块

在利用 CSS 布局页面时，要有一个整体的规划，包括整个页面分成哪些模块，各个模块之间的父子关系等。以最简单的布局为例，页面由 Banner（导航条）、主体内容（content）、菜单导航（links）和脚注（footer）几个部分组成，各个部分分别用自己的 id 来标识。如图 6-28 所示。每一模块都是一个 div。

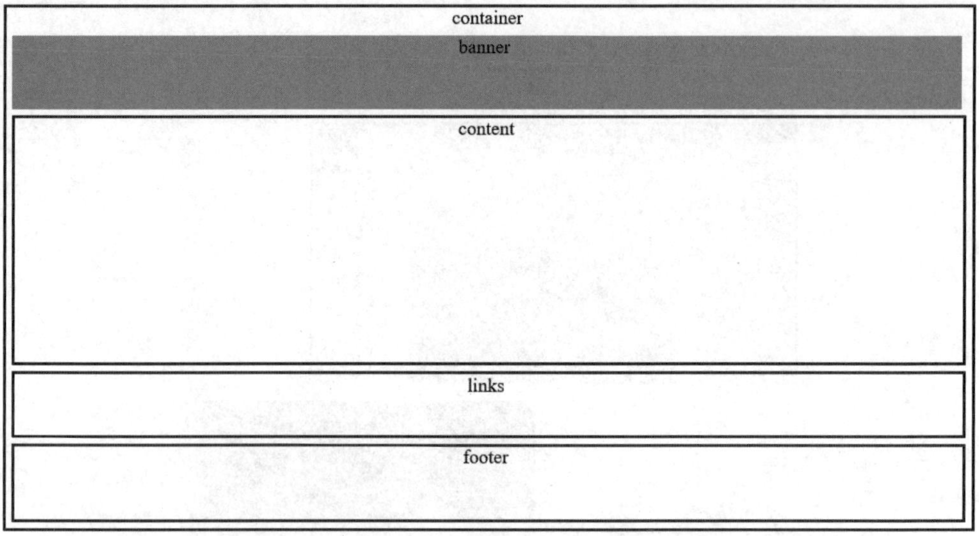

图 6-28　将页面用 div 分块

其页面中的主体 HTML 代码如下：

```
<body>
<div id="container">container
    <div id="banner">banner</div>
    <div id="content">content</div>
    <div id="links">links</div>
    <div id="footer">footer</div>
</div>
</body>
```

其中<div id="container">…</div>为嵌套的父层 div 盒子，里面嵌套了 4 个子层 div 盒子。

2. 用 CSS 设置各模块的位置

当页面的内容已经确定后，则需要根据内容本身考虑整体的页面布局类型；例如，是单栏、双栏还是三栏等，这里采用的布局如图 6-29 所示。可以看出，在页面外部有一个整体的 div 盒子 container，banner 位于页面整体中的最上方，content 与 links 位于页面的中部，其中占据页面的绝大部分，最下部是页面的脚注 footer。

整理好页面的布局后，就可以利用 CSS 对各个板块进行定位，实现对页面的整体规划，然后再往各个板块中添加内容。其中，content 左浮动，links 右浮动，footer 不浮动即要清除左右浮动 both，实现此布局的 CSS 代码如下：

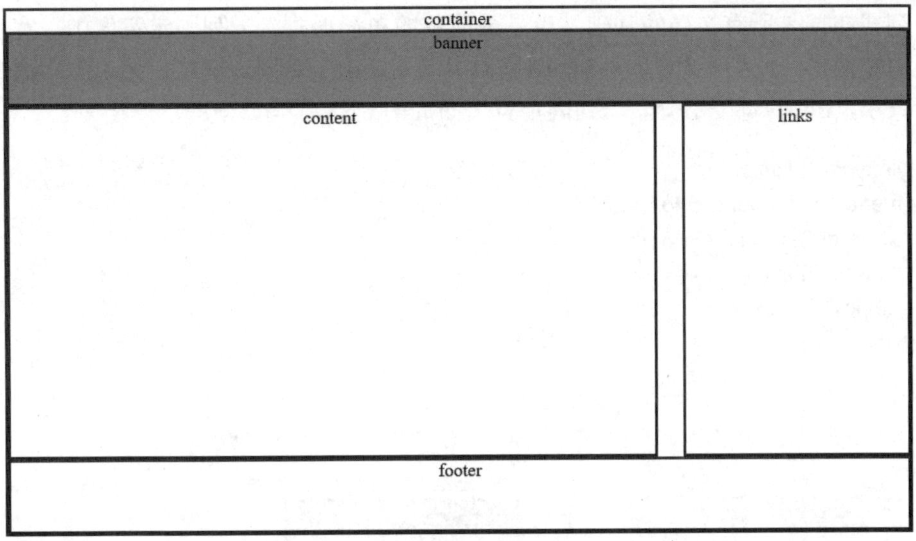

图 6-29　设计各块的位置

```
<!doctype html>
<html>
<meta charset="utf-8">
<head>
<title>设计 div 各块的位置</title>
<style type="text/css">
#container{width:800px; border:2px outset #000000; text-align:center;}
#banner{ height:60px;margin-bottom:5px;padding:10px; border:2px outset #333;
          background-color:#999;text-align:center;}
#content{ float:left;width:570px;height:300px;
          border:2px outset #333;   text-align:center;}
#links{float:right;width:200px;height:300px;border:2px outset #333;   text-align:center;}
#footer{clear:both;    padding::10px;border:2px outset #333;
        height:60px;text-align:center;}
</style>
</head>
<body>
<div id="container">container
   <div id="banner">banner</div>
   <div id="content">content</div>
   <div id="links">links</div>
   <div id="footer">footer</div>
</div></body>
```

3．用 DIV+ CSS 创建固定宽度布局

　　对于包含很多大图片和其他元素的内容，由于它们在流式布局中不能很好地表现，因此固定宽度布局也是处理这种内容的最好方法。

一列式布局是所有布局的基础，也是最简单的布局形式。一列固定宽度中，宽度的属性值是固定像素。如图 6-30 所示，在浏览器中浏览，由于是固定宽度，无论怎样改变浏览器窗口大小，div 的宽度不变。一列固定宽度布局的 CSS 代码如下：

```
<style type="text/css">
#content{ background-color: #FFCC33;
    border:3px solid #FF3399;
    width:250px;
    height:600px;}
</style>
```

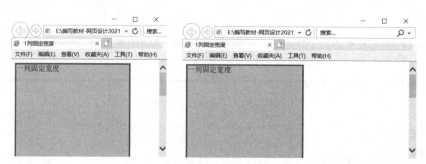

图 6-30　一列固定宽度，浏览器窗口变化前后效果

在实际应用中，有时候需要左栏固定宽度，右栏根据浏览器窗口大小自动适应；如图 6-31 所示，在 CSS 中只需要设置左栏的宽度为固定值 width:200px，而右栏不设置任何宽度值，并设置左栏为左浮动 float:left 而右栏不设置浮动，CSS 样式代码如下：

```
<style type="text/css">
#left{background-color:#00cc33;
    border:1px solid #ff3399;
    width:200px;
    height:600px;
    float:left;        }
#right{    background-color:#ffcc33;
    border:1px solid #ff3399;
    height:600px;    }
</style>
```

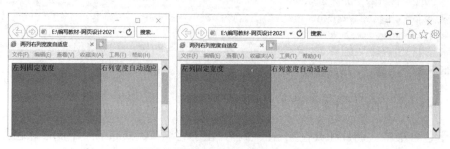

图 6-31　两列右列宽度自适应，浏览窗口变化前后效果

【案例 6-6】　使用 DIV+CSS 布局网页

案例功能说明：采用本节学习的网页布局框架，使用 DIV 盒子分块，采用链接外部 CSS 样式表文件方式，用 CSS 设计各 DIV 模块的位置及其属性，完成如图 6-32 所示网页。

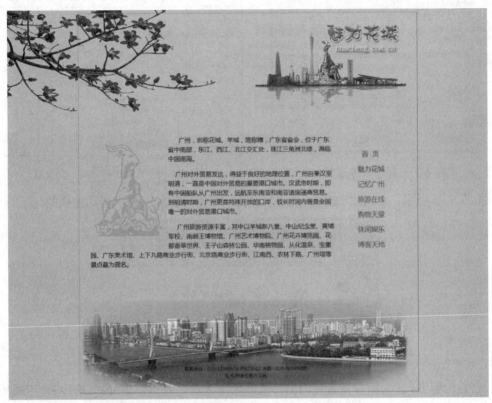

图 6-32　DIV+CSS 布局网页 chap6-6.html 的浏览效果

操作步骤如下。

（1）启动 Dreamweaver CS6，新建或打开站点"源文件-chap6"，在站点根目录下新建网页 chap6-6.html，打开并编辑该网页。选择"拆分"视图，以便随时观察对照代码和设计效果，以及插入光标精确定位。

（2）定义通用*样式。本案例采用链接外部 CSS 样式表文件方式，创建并链接 CSS 文件方法：在 CSS 样式面板中，单击 按钮，打开"新建 CSS 规则"对话框，在选择器类型下拉列表中选择"标签（重新定义 HTML 元素）"选项，在选择器名称框中输入*，在规则定义框中选择"（新建样式表文件）"命令，如图 6-33 所示，单击"确定"按钮。在弹出的"将样式表另存为"对话框中，选择站点根目录下的 CSS 文件夹，在文件名文本框中输入 style_sx.css，单击"保存"按钮之后，弹出"*的 CSS 样式规则定义"对话框，在对话框中设置类型中的 Font-family 为微软雅黑，Font-size 为 12px，Line-height 为 1.5em，如图 6-34 所示。完成后，style_sx.css 文件便自动链接到当前正在编辑的网页文件源代码中，HTML 代码如下：

```
<link   href="CSS/style_sx.css"   rel="stylesheet"   type="text/css" />
```

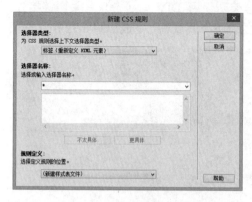

图 6-33　新建 CSS 规则

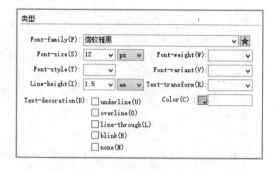

图 6-34　通用样式的"类型"设置

如图 6-35 所示，单击"style_sx.css*"按钮，可以看到此文件中自动生成的代码。

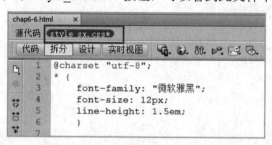

图 6-35　style_sx.css*样式表文件窗口

（注：通用样式为所有元素使用的样式，如果未对元素重新定义样式，将使用通用样式里定义的样式，如果通用样式中也未定义，则使用浏览器默认的样式显示网页元素，CSS 中通用样式的选择符为"*"）

（3）接着为已创建的 CSS 外部文件 style_sx.css 添加新样式，重新定义 body 标签（即设置body背景颜色为#B8CAF3，背景图像为../images/flower.gif，背景重复模式为no-repeat），操作方法如下：在代码窗口的顶部，单击 style_sx.css*按钮，如图 6-35 所示，在代码的最后面即在"}"的后面输入如下代码：

```
body {
    background-color: #B8CAF3;
    background-image: url(../images/flower.gif);
    background-repeat: no-repeat;
}
```

（4）分别插入 id 为 main、logo、content、navi、footer 的 div。操作方法如下：如图 6-36 所示，在"源代码"窗口中，在<body>标记后面输入如下代码：

```
<div id="main">
    <div id="logo">  </div>
```

```
        <div id="content">    </div>
        <div id="navi">    </div>
        <div id="footer">    </div>
</div>
```

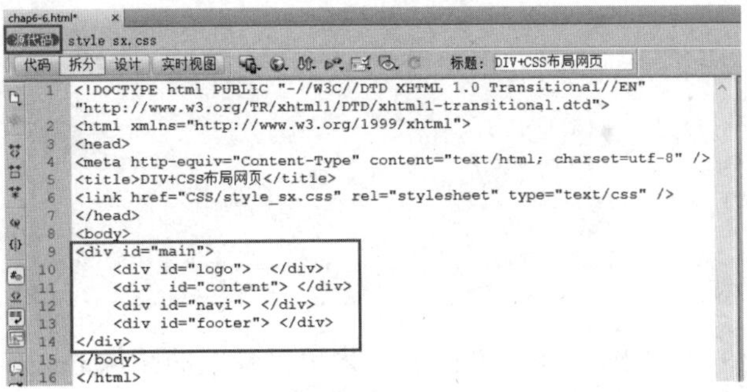

图 6-36　"源代码"窗口中输入代码

（5）再为已创建的 CSS 外部文件 style_sx.css 添加新样式，为#main 定义 CSS 样式：设置"方框"和"边框"属性：即 div 的宽为 900px，高为 980px，顶部和底部边距为 0px，左右边距为自动 auto（这样可以令 main 在页面中居中对齐），边框样式为凸出 outset，宽度为细线 thin，颜色为浅灰色#CCC。操作方法如下：在代码窗口的顶部，单击 style_sx.css*按钮，在代码的最后面即在"}"的后面输入如下代码：

```
#main {
        width: 900px;
        height: 980px;
        margin-top: 0px;
        margin-bottom: 0px;
        margin-right: auto;
        margin-left: auto;
        border: thin outset #CCC;
  }
```

（6）相同的方法，为已创建的 CSS 外部文件 style_sx.css 添加新样式，为#logo 定义 CSS 样式（设置方框的宽为 400px，高为 230px，Float 为 right，Padding 和 Margin 为 10px，；背景图像为../ images/logo.jpg），操作方法如下：在 style_sx.css*选项窗口中，在代码的最后面即在"}"的后面输入如下代码：

```
#logo {
        float: right;
        height: 230px;
        width: 400px;
        padding: 10px;
        margin: 10px;
        background-image: url(../images/logo.jpg);
        background-repeat: no-repeat;}
```

145

（7）相同的方法，为已创建的 CSS 外部文件 style_sx.css 添加新样式，为#content 定义 CSS 样式（设置方框的宽为 650px，高为 400px，float 为 left，padding 为 20px，margin 为 10px），操作方法：在 style_sx.css*选项窗口中，在代码的最后面即在"}"的后面输入如下代码：

```
#content {
    width: 650px;
    height: 400px;
    padding: 20px;
    float: left;
    margin: 10px;}
```

（8）在 content 中插入图片和文本内容。将根目录下的图像 images/fivesheets.jpg 插入 content 中，在图片标签中为图片增加打开左对齐属性（在源代码视图中增加；例如，<img src="images/fivesheets.jpg" width="207" height="300" align="left"/>）。打开"文本素材\花城概述.docx"文档，复制其中的内容到 content 中，将文字内容分为 3 个段落并设置段落首行缩进两个空格（ ）。

（9）为（8）插入的文本段落重新定义 p 样式（设置 Font-size 为 16px），操作方法如下：在代码窗口的顶部，单击 style_sx.css*按钮，在代码的最后面即在"}"的后面输入如下代码：

```
#main #content p {font-size: 16px;}
```

（10）为已创建的 CSS 外部文件 style_sx.css 添加新样式，为#navi 定义 CSS 样式（设置矩形框的宽为 150px，高为 300px，padding 和 margin 均为 10px；设置定位的 position 为 relative（相对于标准流定位），top 为 80px，left 为 10px，浮动为左对齐），操作方法：在 style_sx.css*选项窗口中，在代码的最后面即在"}"的后面输入如下代码：

```
#navi {
    height: 300px;
    width: 150px;
    margin: 10px;
    padding: 10px;
    position: relative;
    left: 10px;
    top: 80px;
    float: left;
    text-align: center;}
```

（11）在 navi 中插入超链接文字并设置超链接。在设计窗口中，在 navi 的 div 中输入文字："首页""魅力花城""记忆广州""旅游在线""购物天堂""休闲娱乐""博客天地"（每一项以回车结束作为一段落）。然后为每个段落文字创建超链接，链接为空（#）。在"源代码"窗口中可以看到自动生成的代码如下：

```
<div id="navi">
    <p><a href="#">首页</a></p>
    <p><a href="#">魅力花城</a></p>
    <p><a href="#">记忆广州</a></p>
    <p><a href="#">旅游在线</a></p>
    <p><a href="#">购物天堂</a></p>
    <p><a href="#">休闲娱乐</a></p>
    <p><a href="#">博客天地</a></p>
</div>
```

（12）为已创建的 CSS 外部文件 style_sx.css 添加超链接样式，文字超链接样式为 font-size 为 18px，color 为#060，text-decoration 为 none；鼠标指针经过超链接时字体颜色 color 为#FF0。操作方法如下：在 style_sx.css*选项窗口中，在代码的最后面即在“}”的后面输入如下代码：

```
#main #navi p a {
    font-size: 18px;
    color: #060;
    text-decoration: none;}
#main #navi p a:hover {    color: #FF0;}
```

（13）为 id 为 footer 的 div 中输入文本（客服热线：020-12345678 45678912 传真：020-88888888
版 权所有©魅力花城），并为 id 为 footer 的 div 添加 CSS 样式（背景 background-image 设置为../images/zhujiang.jpg，background-repeat 为 no-repeat；设置区块中的 text-align 为 center；设置矩形框的宽为 880px，高为 70px，clear 为 both，padding 等 top 为 180px）。操作方法如下：在 style_sx.css*选项窗口中，在代码的最后面即在“}”的后面输入如下代码：

```
#footer {    background-image: url(../images/zhujiang.jpg);
    background-repeat: no-repeat;
    text-align: center;
    clear: both;
    height: 70px;
    width: 880px;
    padding-top: 180px;}
```

（14）至此本案例全部完成，保存全部，浏览 chap6-6.html 网页。

【实训 6-2】　CSS Sprite 技巧应用实例

本案例功能说明：CSS Sprite 又称为“CSS 精灵”，是一种网页图片应用处理方式。它允许将一个页面涉及的所有零星图片都包含到一张大图上，当访问该页面时，载入的图片就不会像以前那样一幅一幅地慢慢显示出来，它可以显著提高图片加载的效率。如图 6-37 所示为图片素材即所有的图标都在一张图片上，可利用 background-position 属性，控制其显示左边 3 幅图片，如图 6-38 所示。

图 6-37　图片素材　　　　　　　　　　　　　　图 6-38　显示左边 3 幅图片

操作步骤如下。

（1）启动 Dreamweaver CS6，新建或打开站点"源文件-chap6"，在站点根目录下新建网页 chap6s-2.html，打开此文件。

（2）在代码窗口中，输入代码，完成后的 chap6s-2.html 文件代码如下：

```html
<!DOCTYPE html>
<html>
    <head>
        <meta charset="UTF-8">
        <title>CSS 精灵（CSS-sprite）</title>
        <style type="text/css">
            div{   width: 40px;
                   height: 44px;
                   background: url(images/spritetest.png) no-repeat;
                   float: left;          }
            #div2{background-position: -40px 0; }
            #div3{background-position: -80px 0; }
        </style>
    </head>
    <body>
        <div id="div1"></div>
        <div id="div2"></div>
        <div id="div3"></div>
    </body>
</html>
```

其中：使用了 3 个<div></div>容器，并定义了 CSS 样式，容器的大小控制为图标的大小，它们使用的都是同一张图片作为背景，只是显示的图片部分不同，使用 background-position 进行相应的坐标位置控制，浮动 float 都为 left 即左对齐。

（3）保存，浏览网页。

【上机操作 6】

1．在网页中插入带颜色的水平线。

操作步骤如下。

（1）新建网页文件 line.html，并在适当位置设置插入点，选择"插入记录"|HTML|"水

平线"命令。

（2）在"CSS 样式"面板中右击并在弹出的快捷菜单中选择"新建"命令，在"新建 CSS 规则"对话框中选中"类"单选按钮，设置名称为.css-line，选择"仅限该文档"命令；单击"确定"按钮。在"规则定义"对话框的"类型"中设置 Color 为（蓝色）#0000FF，单击"确定"按钮。即代码为：

```
<style type="text/css">
.css-line {
    color: #0000FF;}
</style>
```

</body>网页文档中的水平线，在"CSS 样式"面板中单击"css-line"按钮，并在弹出的快捷菜单中选择"应用"。即代码为：

```
<hr class="css-line" />
```

（3）保存并浏览网页。在文档中看到的水平线是黄色，在浏览器中水平线是蓝色。

2．制作固定的背景图，背景图在网页中间，拉动滚动条时背景图不随文字发生变化。操作步骤如下。

（1）新建网页文件 bgtu.html。将"文本素材\七星览胜.doc"中的内容复制到网页中。

（2）在"CSS 样式"面板中右击鼠标并在弹出的快捷菜单中选择"新建"命令，在"新建 CSS 规则"对话框中选择"标签"命令；在"标签"下拉列表框中选择 body 命令；选择"仅限该文档"命令。单击"确定"按钮。

（3）在"规则定义"对话框中选择"背景"，设置背景图像 background-image 为 images\map.jpg。background-repeat 为 no-repeat，background-attachment 为 fixed（固定），background-position(X)和 background-position(X)均选择 center（居中），单击"确定"按钮。"CSS 样式"面板会显示"body"样式，并自动应用到网页中。即生成的代码如下：

```
<style type="text/css">
body {    background-image: url(images/map.jpg);
    background-attachment: fixed;
    background-repeat: no-repeat;
    background-position: center center;}
```

（4）在"CSS 样式"面板中，右击并在弹出的快捷菜单中选择"新建"命令，在"新建 CSS 规则"对话框中选中"类"单选按钮，在名称框中输入类名".class_txt"，选择"仅限该文档"命令。单击"确定"按钮。

（5）在"规则定义"对话框中选择"类型"命令，设置行高 Line-height 为两倍行高 2em。

（6）保存并浏览网页，将浏览器窗口变小，拖动窗口滚动条时，窗口中文字随之滚动，但窗口中的背景图却不动，如图 6-39 所示。完成后主要代码如下：

```
<!DOCTYPE >
```

```html
<html >
<head>
<meta http-equiv="Content-Type" content="text/html; charset=utf-8" />
<title>背景图不随滚动条拉动而变化</title>
<style type="text/css">
<!--
body {
    background-image: url(images/map.jpg);
    background-attachment: fixed;
    background-repeat: no-repeat;
    background-position: center center;
}
.STYLE1 {color: #FF00FF}
.class_txt {
    line-height: 2em;
}
-->
</style>
</head>

<body>
  <div align="center" class="STYLE1">
      <h1>七星览胜</h1>
    </div><p>        <span class="class_txt">久闻肇庆七星岩,素有……，湖面之上。<br />
          山蒙蒙，水蒙蒙，……正是对七星岩风光的真实写照。</span></p>
<p> </p>
</body>
</html>
```

 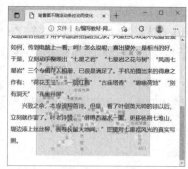

图 6-39　背景图像不随滚动条拉动而变化

【理论习题 6】

1. 什么是 CSS 样式？CSS 样式应用的形式分为哪几种？怎样创建 CSS 样式规则？
2. 请举出几个常用的 CSS 基本选择符的例子。写出 CSS 样式的语法格式。
3. 使用 DIV+CSS 布局网站的优点主要体现在哪几方面？

第7章

使用 JavaScript 创建动态网页

　　动态网页包括两种：一是运行在浏览器端的具有动态效果的网页，如单击按钮检查表单、弹出窗口等，这种网页通常具有.html、.htm 等扩展名；二是需要在服务器端运行才能完成的网页，如数据库查询、注册、登录、在线管理等，这种网页通常具有.asp（.aspx）、.jsp、.php 等扩展名。本教程所涉及的动态网页是指前者。

　　可以创建浏览器端的动态网页；例如，弹出信息框、打开浏览器窗口、改变网页元素属性、增加动画效果、对表单的检查等，如果结合服务器行为，还可以实现注册、登录等功能。

　　资源文件说明：本章素材都可以通过扫描二维码获得，源文件放在"chap7\源文件-chap7"文件夹中，完成文件放在"chap7\完成文件-chap7"文件夹中。读者实操时可将"源文件-chap7"文件夹复制到本地磁盘（例如，D:）中，并将文件夹改为"学习者姓名-chap7"（例如，刘小林-chap7）。

任务 1　行 为 概 念

　　JavaScript 是一种脚本语言，其源代码直接由浏览器解释运行，不需要依赖服务器。JavaScript 主要用来向 HTML 页面添加交互行为和动感效果。JavaScript 代码直接嵌入HTML 页面，也可写成单独的 js 文件，以有利于结构和行为的分离。

　　Dreamweaver CS6 将一些常用的 Javascript 功能代码进行了封装，以"行为"的方式提供给网页设计人员使用，称为内置行为。有了这些，设计人员无须深入学习 Javascript 编程，就可以创建具有交互功能和动感效果的动态网页了。

知识点：行为的概念简介

1. 行为的概念

在 Dreamweaver CS6 中，行为是由对象、事件和动作构成的。

这里所说的对象即是网页元素；例如 body、img、table、from、div 等，它们分别是网页的主体、图像、表格、表单、区块等。

事件由用户通过鼠标或键盘，或由浏览器触发。事件经常是针对对象的；例如鼠标指针经过 onMouseOver、鼠标单击 onClick、获得焦点 onFocus、键盘的某个键按下等。

动作是预先编写好的可执行指定任务的 JavaScript 程序代码，可以实现诸如打开消息框、打开浏览器窗口、检查表单等。

行为就是"对象"响应某一"事件"而采取的"动作"。它是事件与该事件所触发的动作的结合体；例如，鼠标单击 onClick 某一对象时打开浏览器窗口。

2. 行为面板

行为面板是设计人员使用 Dreamweaver CS6 内置"行为"的窗口，通过行为面板可以给网页元素（对象）附加行为、编辑或修改行为参数等。通过菜单"窗口" | "行为"命令，或按组合键 Shift+F4，可以打开如图 7-1 所示的标签检查器和行为面板。面板中各项含义如下。

在文档窗口中，当前被选中元素的标签将显示在"行为"面板右上方。例如，当选中文档中 body 对象时，该位置显示"标签<body>"，如图 7-1 所示。下方的空白区域将显示当前已经附加在对象上的所有行为列表，并按事件的字母顺序排列。行为列表中左边为事件列表，右边为动作列表。如果行为列表中没有行为显示，则说明当前选定的对象还没有附加行为。

❖ ▤：显示当前已经设置的事件。

❖ ▤：显示所有事件（包括未设置的）。常见的事件及其含义如表 7-1 所示。

❖ ⊞：添加行为，单击该按钮打开"行为选项"下拉菜单，如图 7-2 所示，它用于添加 Dreamweaver CS6 内置行为。

❖ ─：用于删除选中的行为。

❖ ▲ 与 ▼：用于调整行为在列表中的先后顺序。通常行为在列表中按事件的字母顺序排列，如果同一事件（例如，onClick）附加了多个动作时，则可以更改其先后顺序。

图 7-1　行为面板　　　　　图 7-2　添加行为选项

表 7-1　常见事件及其说明

事　件	说　　明
OnLoad	当页面被加载时触发事件
OnUnload	当页面被关闭时触发事件
OnFocus	当对象获得焦点时触发事件
OnBlur	当对象失去焦点时触发事件
OnClick	当在对象上单击鼠标时触发事件
OnDbClick	当在对象上双击鼠标时触发事件
OnMouseOver	当鼠标经过对象时触发事件
OnMouseOut	当鼠标离开对象时触发事件
OnMouseDown	当在对象按下鼠标时触发事件
OnMouseUp	当鼠标单击对象后又松开时触发事件
OnMouseMove	当鼠标在对象上移动时触发事件
OnKeyPress	当键盘上某个键被按下且又松开时触发事件，相当于 OnkeyDown、OnkeyUp 两个事件的组合
OnkeyDown	当键盘上某个键被按下时触发事件（不需要松开该键）
OnkeyUp	当键盘上某个键被按下后松开该键时触发事件
Onchange	当改变对象的一个值时触发事件；例如，从菜单中选取一个项目
OnStop	浏览器的“停止”按钮被按下时或下载中断时触发事件
OnReset	当表单被恢复到默认值时触发事件
onResize	当调整浏览器窗口或框架大小时触发事件
onScroll	当拖动滚动条滚动时触发事件
onSelect	当在文本域中选取文本时触发事件
onSubmit	当提交表单时触发事件
onMove	当窗口或框架移动时触发事件
onAbort	当终止浏览器加载对象时触发事件

任务 2 附加、编辑行为

知识点：附加、编辑行为

1. 附加行为

在 Dreamweaver CS6 中可以为整个页面或页面中的表格、文字、图像和超链接等大多数网页对象附加行为，基本步骤如下。

（1）在文档窗口中选择要附加行为的对象；例如，一个图像、一个链接或一段文字。如果要将行为附加到整个网页中，则在文档窗口左下角的标签选择栏中单击<body>标签按钮。

（2）在行为面板中单击 + 按钮，从弹出的菜单中选择一种行为，如图 7-2 所示。

（3）打开行为的设置对话框，根据需要进行设置，单击"确定"按钮后行为将被添加到行为列表中。

（4）在行为列表中选择刚添加的行为，单击鼠标左键打开其左侧的事件列表选择一种触发事件。

保存网页，在浏览器中预览检测行为。

2. 编辑行为

要修改已经设置的行为事件，可以单击对应的事件，通过下拉列表，选择一种触发事件。要编辑已设置的行为动作，可执行以下操作之一。

（1）在行为面板中双击要修改的行为动作，重新打开设置对话框进行设置。

（2）选择要修改的行为动作并右击，从弹出的快捷菜单中选择"编辑行为"命令。

【案例 7-1】 为网页设置打开与关闭浏览器窗口时的弹出信息

本案例功能：当打开浏览器窗口时，弹出"欢迎光临'爱车一族'网站！"对话框；当关闭浏览器窗口时，弹出"谢谢您的浏览，欢迎您下次光临！"对话框。

操作步骤如下。

（1）启动 Dreamweaver CS6，打开或新建站点，站点根目录为"源文件-chap7"，打开根目录下的 chap7-1.html。

（2）在文档窗口左下方的标签选择栏中选择<body>标签命令。

（3）在行为面板上，单击 + 按钮并在弹出的菜单中选择"弹出信息"命令，如图 7-2 所示。

（4）在"弹出信息"对话框中输入提示信息；例如，"欢迎光临'爱车一族'网站！"，如图 7-3 所示。

（5）单击"确定"按钮，"弹出信息"被添加到行为列表中。默认的事件为"onLoad"。

（6）继续在行为面板中单击 ⊞ 按钮并在弹出的菜单中选择"弹出信息"选项。

图 7-3　"弹出信息"对话框

（7）在"弹出信息"对话框中输入"谢谢您的浏览，欢迎您下次光临！"

（8）单击"确定"按钮。第 2 个"弹出信息"行为被添加到列表中。修改默认事件 onLoad，单击 onLoad 按钮，其右边的将显示下拉箭头，单击箭头按钮打开列表，从列表中选择 onUnload 事件，如图 7-4 所示。

（9）保存并在浏览器中预览测试行为，当在浏览器中打开网页时，将弹出如图 7-5 所示对话框。

图 7-4　更改事件类型

图 7-5　打开浏览器时弹出对话框

📢 **注意：** 当网页中插入了"行为"之类的 JavaScript 代码，在 IE 浏览器浏览时会提示 "Internet Explorer 已限制此网页运行脚本或 ActiveX 控件"，如图 7-6 所示，此时需要单击"允许阻止的内容"按钮才能运行 JavaScript 代码。如果觉得这样太麻烦，可以选择 IE 的菜单"工具"|"Internet 选项"|"安全"命令，在"安全"设置里单击"自定义级别(c)…"按钮，打开对话框，选择"ActiveX 控件和插件"|"允许运行以前未使用的 ActiveX 控件而不提示"命令，单击"启用"按钮就可以了。

图 7-6　网页含有 JavaScript 代码时 IE 浏览器给出的提示

（10）打开代码窗口，可以看到自动生成了 JavaScript 代码如下所示。

❖　在文件头部<head></head>间，可以看到 Dreamweaver 自动生成 Javascript 代码：

155

```
<script type="text/javascript">... </script>
```

❖ <body>标签的代码为：

```
<body onload="MM_popupMsg('欢迎光临"爱车一族"网站！')" onunload="MM_popupMsg('谢谢
您的浏览，欢迎您下次光临！')">
```

【案例 7-2】 利用行为制作"交换图像"

本案例功能：浏览网页时，当鼠标指针滑过图像时更换为另一幅图像；当鼠标指针移出图像外时，恢复为原来的图像。

操作步骤如下。

（1）启动 Dreamweaver CS6，打开或新建站点，站点根目录为"源文件-chap7"，打开文档 chap7-2.html。

（2）在文档窗口中，单击选中左上角第 1 副图像，在行为面板中单击 ➕ 按钮，在弹出的菜单中选择"交换图像"命令。

（3）在"交换图像"对话框中单击"浏览"按钮，选择替换图像文件 images/3-2.gif，如图 7-7 所示。

图 7-7 设置"交换图像"

（4）单击"确定"按钮，完成设置后的行为面板如图 7-8 所示。保存并预览测试网页效果，如图 7-9 所示。在代码窗口，可以看到自动生成的 Javascript 代码如下。

❖ 在文件头部<head></head>间，可以看到 DreamweaveCS6 自动生成 Javascript 代码如下：

```
<script type="text/javascript">... </script>
```

❖ <body>标签的代码如下：

```
<body onload="MM_preloadImages('images/3-2.gif')">
```

图 7-8 设置行为后的行为面板

图 7-9　鼠标指针滑过时更换图像；鼠标指针移出后恢复图像

【案例 7-3】　为图像附加鼠标单击时打开浏览器窗口行为

本例功能：当浏览网页时单击图像，新打开一个浏览器窗口，窗口显示一幅图像（也可以显示一个网页）。

操作步骤如下。

（1）启动 Dreamweaver CS6，打开或新建站点，站点根目录为"源文件-chap7"，打开网页 chap7- 3.html。

（2）单击选中文档窗口中要附加行为的图像（例如，左上角第 1 幅图），在行为面板中单击 ![+] 按钮，并在弹出的菜单中选择"打开浏览器窗口"命令。

（3）在"打开浏览器窗口"对话框中的"要显示的 URL"文本框中输入 images/Bugatti.jpg 或单击"浏览"按钮选择文件，并设置窗口宽度为 420 和窗口高度为 300，如图 7-10 所示，单击"确定"按钮。

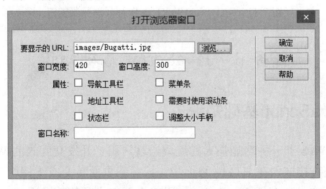

图 7-10　设置"打开浏览器窗口"对话框

（4）在行为面板的事件列表中，将事件改为 onClick。

（5）保存并预览测试文件。当单击左边第 1 幅时，将打开一个新的浏览器窗口，如图 7-11 所示。代码窗口，文件头部 <head></head> 间，可以看到 Dreamweaver CS6 自动生成 JavaScript 代码如下。

❖　在文件头部 <head></head> 间，可以看到 Dreamweaver CS6 自动生成 JavaScript 代码如下：

```
<script type="text/javascript">… </script>
```

❖ 左上角第 1 幅图<img>标签的代码如下：

```
<img src="images/1.gif" width="240" height="170" onclick="MM_openBrWindow('images/
Bugatti.jpg','','toolbar=yes,location=yes,width=420,height=300')" />
```

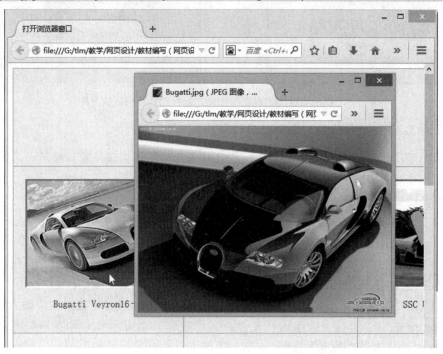

图 7-11　单击（onClick）图像打开浏览器窗口

任务 3　JavaScript 基础知识

知识点：　JavaScript 基础知识

JavaScript 是 Web 上一种功能强大的编程语言，用于开发交互式的 Web 页面。它不需要进行编译，而是直接嵌入在 HTML 页面中，把静态页面转变成支持用户交互并响应事件的动态页面。接下来主要介绍 JavaScript 代码的引入方式及其基本语法。

（1）内嵌式：将 Javascript 代码嵌入 HTML 文档中。其语法格式如下。

```
<script   type="text/javascript">
    javascript 代码.....
</script>
```

（2）外链式：当 JavaScript 脚本代码比较复杂或同一段 JavaScript 代码需要被多个网页文件使用时，可以把这些 JavaScript 脚本代码保存在独立的 JavaScript 文件（扩展名为.js）

中；然后，通过外链式引入此 js 文件。其基本语法格式如下。

```
<script type="text/javascript"    src="Javascript 文件"></script>
```

JavaScript 基本语法如下。

（1）执行顺序。JavaScript 程序按照在 HTML 文件中出现的顺序逐行执行。如果某些代码（例如，函数、全局变量等）需要在整个 HTML 文件中使用，最好将其放在 HTML 文件的<head>…</head>标记中。某些代码，例如，函数体内的代码，不会被立即执行；只有当所在的函数被其他程序调用时，该代码才会被执行。

（2）大小写敏感。JavaScript 严格区分字母大小写。也就是说，在输入关键字、函数名、变量以及其他标识符时，都必须采用正确的大小写形式。例如，变量 username 与变量 userName 是两个不同的变量。

（3）每行结尾的分号可有可无。JavaScript 语言并不要求必须以分号（；）作为语句的结束标记。如果语句的结束处没有分号，JavaScript 会自动将该行代码的结尾作为语句的结尾。但是，通常习惯在每行代码的结尾处加上分号，来保证代码的严谨性、准确性。

（4）注释。在编写程序时，为了使代码易于阅读，通常需要为代码加一些注释。注释是对程序中某个功能或者某行代码的解释、说明，而不会被 JavaScript 当成代码执行。

JavaScript 中主要包括两种注释：单行注释和多行注释。具体如下。

单行注释使用双斜线"//"作为注释标记，将"//"放在一行代码的末尾或者单独一行的开头，它后面的内容就是注释部分。例如：

```
alert("Hello,JavaScript！");                    //调用 alert()函数弹出信息警示框
```

多行注释可以包含任意行数的注释文本。多行注释是以"/*"标记开始，以"*/"标记结束，中间的所有内容都为注释文本。这种注释可以跨行书写，但不能有嵌套的注释。

```
/*   alert("Hello,JavaScript！");
prompt("请输入您的密码！");     */
```

【案例 7-4】 一个简单的 JavaScript 程序

本案例功能：一个简单的 JavaScript 程序，在 JavaScript 脚本中使用 Date()函数来显示系统当前的日期，如图 7-12 所示。

图 7-12 一个简单的 JavaScript 程序

操作步骤如下。

（1）启动 Dreamweaver CS6，打开或新建站点，站点根目录为"源文件-chap7"，新建网页 chap7-4.html。

（2）在代码视图中，按如下代码编写完成网页文件，其中加粗部分为 Javascript 程序。

```
<!DOCTYPE html>
<html>
<head>
<title>JavaScript</title>
<meta charset="gb2312">
</head>
<body>
<h1>JavaScript 基本知识</h1>
<script type="text/javascript">
    document.write(Date());
</script>
</body>
</html>
```

（3）保存，浏览网页。

以上的代码是简单的 JavaScript 脚本，它分为 3 个部分。第 1 部分是<script>标记，使用<script>标记，表示这是一个脚本的开始。第 2 部分就是 JavaScript 脚本，用于创建对象、定义函数或是直接执行某一功能，案例 7-4 在 JavaScript 脚本里使用了 Date()函数来显示系统当前的日期。第 3 部分是</script>标记，它用来告诉浏览器 JavaScript 脚本到此结束。

📢 注意：在 HTML 文件中可放入不限数量的 JavaScript 脚本。脚本可位于 HTML 的<body>或<head>部分中，或者同时存在于两个部分中。通常的做法是把函数放入<head>部分中，或者放在页面底部。这样就可以把它们安置到同一处位置，不会干扰页面的内容。

【案例 7-5】　用 JavaScript 制作图片连续滚动效果网页

本案例功能：在浏览器中打开网页时，图片连续向左或向右滚动，当鼠标指针滑向图片上方时，停止滚动，当鼠标移出图片时图片继续滚动。

操作步骤如下。

（1）启动 Dreamweaver CS6，打开或新建站点，站点根目录为"源文件-chap7"，打开网页 chap7-5.html。

（2）在代码视图的最后一行后插入如下代码：

```
<script type="text/javascript">
</script>
```

（3）打开站点根目录下的 javascript\scroll.js 文件，将所有代码复制粘贴到<script>与

</script>标签之间。完成后代码如图 7-13 所示。

```
        </table>
      </div>
</div>
</body>
</html>

<script type="text/javascript">
var dir=1;              //向左滚动，每步移动像素，大＝快
//var dir=-1;           //向右滚动
var speed=20;           //循环周期（毫秒）大＝慢
demo2.innerHTML=demo1.innerHTML
function Marquee(){          //定义滚动函数Marquee
    if (dir>0 && (demo1.offsetWidth-demo.scrollLeft)<=0) demo.scrollLeft=0;
                //offsetWidth为对象的宽度，scrollLeft为对象向左的位移
    if (dir<0 && (demo.scrollLeft<=0)) demo.scrollLeft=demo2.offsetWidth;
    demo.scrollLeft+=dir;
    demo.onmouseover=function() {clearInterval(MyMar);}         //鼠标经过，暂停移动
    demo.onmouseout=function() {MyMar=setInterval(Marquee,speed);}  //鼠标移出，继续移动
}
var MyMar=setInterval(Marquee,speed); //间隔20毫秒调用一次Marquee函数

</script>
```

图 7-13　在代码视图中插入 JavaScript 代码

（4）保存文件，预览网页，如图 7-14 所示。

（5）修改 JavaScript 代码中变量 dir 和 speed 的数值，使滚动方向和滚动速度改变。保存并预览网页。javascrip 脚本中相应的代码功能如下。

❖　定义了滚动函数 Marquee()代码如下：

| function Marquee(){ | //定义滚动函数 Marquee | } |

❖　间隔 20 毫秒调用一次 Marquee()函数代码如下：

| var MyMar=setInterval(Marquee,speed); |

图 7-14　预览图片连续滚动效果网页

【案例 7-6】　制作图片循环切换效果网页

本案例功能：在浏览器中打开网页时，6 张图片循环切换播放，当单击右侧的小图片时，切换到对应的图片播放，然后继续播放。

161

操作步骤如下。

（1）启动 Dreamweaver CS6，打开或新建站点，站点根目录为"源文件-chap7"，打开网页 chap7-6.html。

（2）在代码视图的最后一行插入如下代码：

```
<script type="text/javascript" src=" Scripts/islandshow.js ">
</script>
```

（3）打开 islandshow.js 文件，修改源代码，使所有图片均能正常播放。

（4）保存网页，预览网页，如图 7-15 所示。

图 7-15　图片循环切换效果

（5）在代码视图中，打开 islandshow.js 文件，找到如下代码 var imgs =[ ]，可知有 6 幅图片文件（p1.jpg、p2.jpg、p3.jpg、p4.jpg、p5.jpg、p6.jpg）在循环切换：

```
var imgs = [
    {max:'images/p1.jpg', min:'images/p1.jpg', url:'#', title:'夏威夷 ', con:'图片 1 介绍'},
    {max:'images/p2.jpg', min:'images/p2.jpg', url:'#', title:'巴厘岛 ', con:'图片 2 介绍'},
    {max:'images/p3.jpg', min:'images/p3.jpg', url:'#', title:'大溪地', con:'图片 3 介绍'},
    {max:'images/p4.jpg', min:'images/p4.jpg', url:'#', title:'马尔代夫', con:'图片 4 介绍'},
    {max:'images/p5.jpg', min:'images/p5.jpg', url:'#', title:'塞舌尔', con:'图片 5 介绍'},
    {max:'images/p6.jpg', min:'images/p6.jpg', url:'#', title:'大堡礁', con:'图片 6 介绍'}
];
```

【实训 7-1】　制作 CD 播放旋转动画效果网页

本案例功能：在浏览器中打开网页时，CD 播放旋转动画效果，即实现 CD 0°～360°顺时针旋转并一直匀速旋转，如图 7-16 所示。

图 7-16　CD 播放旋转动画效果

操作步骤如下。

（1）启动 Dreamweaver CS6，打开或新建站点，站点根目录为"源文件-chap7"，打开网页 chap7s-1.html。

（2）代码视图中，在</style>标签的前面添加如下动画规则和动画控制代码：

```
@-webkit-keyframes CDR{
        from{
            -webkit-transform: rotate(0deg);
         }
        to{
            -webkit-transform: rotate(360deg);
        }
    }
    .rotateCD{
        -webkit-animation: CDR 3s infinite linear;
        }
```

❖　@-webkit-keyframes CDR｛｝：定义了动画规则名为 CDR。

❖　-webkit-transform: rotate(0deg)：绕中心点顺时针旋转 0 度。-webkit-transform: rotate (360deg)：绕中心点顺时针旋转 360 度。

❖　.rotateCD｛　｝：定义了一个 CSS 类样式名，实现控制动画(-webkit-animation)，使 CD 一直匀速旋转（infinite linear）。

（3）保存网页，预览网页。

163

任务4　使用<form>制作表单交互页面

知识点：表单、表单元素

1. 表单及其作用

表单在网页中主要负责数据采集功能；例如，收集用户的信息，将信息提交到服务器，从而实现网站服务器与用户之间的交互。会员登录、用户注册、邮箱申请、搜索、问卷等都需要用表单来实现；如图 7-17 所示为一个用户注册表单。

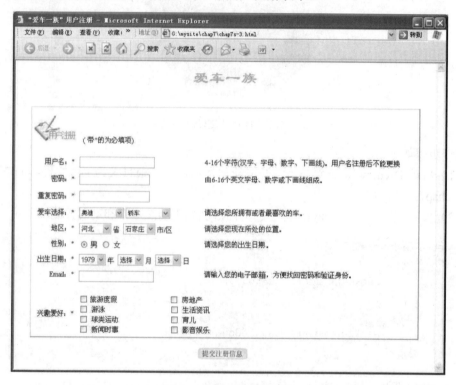

图 7-17　用户注册表单例子

表单由一对<form>标签和标签内包含的表单元素构成；当提交表单时，<form>标签内的所有元素将作为一个整体提交给服务器。form 的属性定义了表单编码类型、提交方法和处理表单的程序等。表单元素包括用户要提交给服务器的相关数据，通常是文本字段、隐藏域、文本区域、复选框、单选按钮、列表/菜单、按钮等。

插入表单及表单元素，可以通过插入菜单，也可以通过"表单"插入栏。以"表单"插入栏为例，在插入栏中选择"表单"命令，打开"表单"插入栏，如图 7-18 所示。单击"表单"插入栏中的按钮可以插入表单对象。

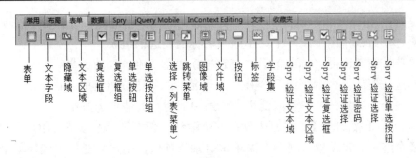

图 7-18　"表单"插入栏

2. 插入表单

单击"表单"插入栏上的"表单"按钮，表单即插入到文档中，并以红色虚线框出现在设计视图中。表单是表单对象（元素）的容器，当插入表单后，单击表单的边框或在标签选择栏中选择<form>标签，即可选中表单，其"属性"面板如图 7-19 所示。表单的"属性"及其作用说明如表 7-2 所示。

图 7-19　表单的"属性"面板

表 7-2　表单的"属性"及其作用说明

属 性 名 称	作 用 说 明
表单名称	用于给表单命名，以字母开头，由字母、数字和下画线组成。默认为 formx，x 为一个顺序号
动作	处理表单数据的脚本或程序的 URL，默认为空
方法	表单传送的方式，有 POST 和 GET 两种。POST 方式将表单数据封装在消息中传送，可传送较大的数据量。GET 方式传送的数据量有限，且安全性较差。默认为 POST 方式
目标	显示脚本返回数据时浏览器窗口的打开方式
MIME 类型	发送到服务器的数据的 MIME 编码类型

3. 在表单中插入表单元素

将光标置于表单内，然后通过单击"表单"插入栏上的按钮插入表单的各种元素，或选择"插入"｜"表单"命令，从子菜单中选择表单对象来插入表单元素。表单元素插入后要设置其属性。表单元素的功能说明如下。

❖ 文本字段【input（text）】：文本字段的类型可以是单行或多行，也可以是密码。在密码类型中，用户输入文本将以掩码的方式被显示为"*"。

❖ 隐藏域【input（hidden）】：隐藏域可以存储用户输入的信息，例如，姓名、电子邮件地址等数据。

❖ 文本区域【textarea】：其功能与多行显示的文本字段相同。

165

❖ 复选框【input（checkbox）】：复选框允许在一组选项中选择多个选项。
❖ 复选框组：由两个或多个共享同一名称的复选框组成。
❖ 单选按钮【input（radio）】：单选按钮表示"唯一"的选择。
❖ 单选按钮组：由两个或多个共享同一名称的单选按钮组成。在某单选按钮组中选中一个单选按钮，就会取消选中该组中的所有其他单选按钮。
❖ 列表/菜单【select】："列表"在一个滚动列表中显示选项值，用户可以从中选择多个选项。"菜单"在一个菜单中显示选项值，用户只能从中选择单个选项。
❖ 跳转菜单【select】：跳转菜单是可导航的列表或弹出式菜单，每个选项都链接到一个文件或 URL。
❖ 图像域【input（image）】：图像域是在表单中插入一个图像。图像域可用于制作图形化按钮，在浏览器中单击图像域时将提交表单。
❖ 文件域【input（file）】：文件域提供一个空白文本框和一个"浏览"按钮，使浏览者可以浏览到本地计算机硬盘上的文件并将其作为表单数据上传。
❖ 按钮【input（submit/reset/button）】：在单击时执行操作。通常，这些操作包括"提交表单""重置表单"或"无"，允许为按钮自定义名称或标签值。
❖ 标签【label】：为表单元素创建标记。
❖ 字段集【fieldset】：将表单内的相关元素分组。
注：【】内为元素的标记，（）内为标记的类型。

【案例 7-7】　在网页中插入一个用户登录表单

操作步骤如下。

（1）启动 Dreamweaver CS6，打开或新建站点，站点根目录为"源文件-chap7"，打开 chap7-7.html。

（2）插入用户登录表单。在页面左侧如图 7-20 所示"用户登录"文字下方插入表单，在表单"属性"面板中设置表单的"动作"为"chap7-6.html"（这里假设：提交给服务器后将由 chap7-6.html 处理表单），如图 7-19 所示。

图 7-20　文档视图中的表单

图 7-21　输入标签辅助功能属性

（3）将光标置于表单中（红色虚线框内），在表单中插入一个 3 行 2 列、宽度为 200

像素的表格，填充为 5，间距为 0，边框为 0，表格居中对齐。

（4）设置表格的背景为白色，将第 3 行的单元格合并，第 1、2 行第 1 列的两个单元格水平"右对齐"，第 3 行的单元格水平"居中对齐"。

（5）在第 1 行第 1 列的单元格中输入文字"用户名："，单击第 1 行第 2 列的单元格，在菜单中选择"插入"｜"表单"｜"文本域"命令，在弹出的"输入标签辅助功能属性"对话框，如图 7-21 所示，选择"无标签标记"选项，单击"确定"按钮。在"属性"面板中设置"文本域"为 name，"字符宽度"为 12，"最多字符数"为 16，如图 7-22 所示。

图 7-22 文本字段"属性"面板

（6）在第 2 行第 1 列的单元格中输入"密码："文字，在第 2 行第 2 列的单元格中插入一个文本字段，在其"属性"面板中将其"类型"改为"密码"，设置文本域的名称为"psw"，"字符宽度"为 12，"最多字符数"为 16。

（7）单击第 3 行第 1 列的单元格，在菜单中选择"插入"｜"表单"｜"按钮"命令，在"属性"面板中的"值"文本框中输入登录，如图 7-23 所示。

图 7-23 按钮"属性"面板

（8）在第 3 行第 2 列的单元格中插入一个按钮，在"属性"面板中设置"动作"为"重设表单"，在"值"文本框中输入撤销。

（9）完成后的表单如图 7-20 所示，保存并预览网页。打开代码视图，可以看到自动生成的表单<form></form>代码如下：

```html
<form id="form1" name="form1" method="post" action="chap7-6.html">
    <table    width="220"    border="0"    align="center"    cellpadding="5"    cellspacing="0"
bgcolor="#FFFFFF">
    <tr>    <td    align="right" >用户名: </td>
     <td    align="left" ><input name="name" type="text"    size="12" maxlength="16" /></td>    </tr>
     <tr>    <td align="right" >密码: </td>
      <td align="left" ><input name="psw" type="password"    size="12" maxlength="16" /></td> </tr>
     <tr>    <td colspan="2" align="center"><input type="submit" name="button" value="登录" />
<input type="reset" name="button2" id="button2" value="撤销" /></td>
    </tr>
    </table>
</form>
```

【实训 7-2】 创建用户注册表单网页

操作步骤如下。

（1）启动 Dreamweaver CS6，打开或新建站点，站点根目录为"源文件-chap7"，打开网页 chap7s-2.html。

（2）光标置于"用户注册"下方，单击"表单"插入栏的 按钮插入表单，在表单"属性"面板中的"动作"文本框中输入"chap7-7.html"（这里假设处理表单的程序为 chap7-7.html）。

（3）在表单中插入 16 行 1 列的表格，表格宽度为 500，填充为 5，间距为 0，边框为 0，表格的背景色为#E6F7FF，设置表格对齐方式为居中对齐。选中第 1、6、16 行，设置其背景色为#C1EBFF。

（4）在表格中各行按图 7-24 所示输入文本及插入表单元素，各表单元素的类型及名称属性值如表 7-3 所示。

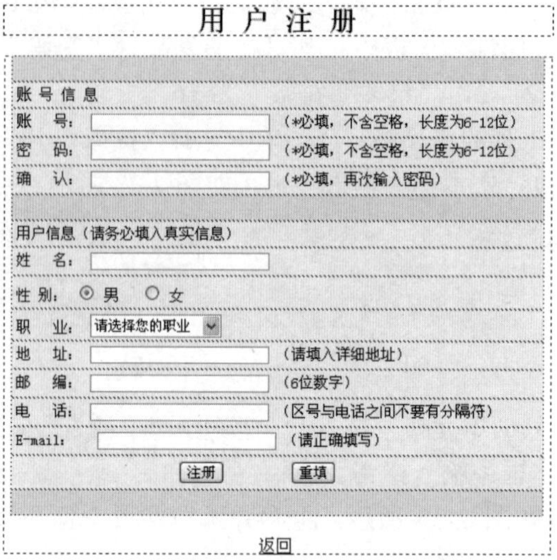

图 7-24　用户注册表单

表 7-3　各表单元素类型及其名称属性

表 单 元 素	表单元素及类型	名称（在属性面板左侧的文本框中输入）
账号	文本字段（单行）	user_id
密码	文本字段（密码）	psw
确认	文本字段（密码）	confirm_psw
姓名	文本字段（单行）	real_name
性别	单选按钮组	sex
职业	列表/菜单	select
地址	文本字段（单行）	addr
邮编	文本字段（单行）	post_code
电话	文本字段（单行）	tel

续表

表 单 元 素	表单元素及类型	名称（在属性面板左侧的文本框中输入）
E-mail	文本字段（单行）	E_mail
提交	按钮（动作为提交表单）	Button
重置	按钮（动作为重设表单）	Button2

❖ 在"性别："行中插入单选按钮组。将光标定在"性别："文字的后面，单击"表单"插入栏的 ▦ 按钮，在弹出的对话框中的"名称"文本框中输入 sex，将"标签"和"值"按图 7-25 所示更改，单击"确定"按钮完成单选按钮组的创建。然后在设计视图中选中"男"前面的单选按钮，将属性面板中的"初始状态"设置为"已勾选"，如图 7-26 所示。在代码视图可看到自动生成的代码如下：

```
<td>性 别：<input name="sex" type="radio" value="男" checked="checked" />
    男   <input type="radio" name="sex" value="女" />
    女   </td>
```

图 7-25 设置"单选按钮组"对话框

图 7-26 单选按钮"属性"面板

❖ 在"职业："行插入"列表/菜单"。将光标定在"职业："文字的后面，点击"表单"插入栏的 ▦ 按钮，然后在"属性"面板中单击"列表值"按钮，弹出"列表值"设置对话框，按图 7-27 所示添加和设置项目标签和值，单击"确定"按钮。在代码视图中可以看到自动生成的"列表/菜单"<select>代码如下：

```
<select   name="select" size="1" id="select"    >
    <option>请选择您的职业</option>
    <option value="医生">医生</option>
    <option value="教师">教师</option>
    <option value="学生">学生</option>
    <option value="职业运动员">职业运动员</option>
    <option value="个体劳动者">个体劳动者</option>
```

169

```
</select>
```

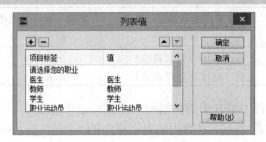

图 7-27 "列表值"设置对话框

（5）保存网页，预览网页。

任务 5 表单的验证

知识点：表单验证的意义和方法

在发送到服务器之前对用户输入表单的数据进行验证，可以提前发现并剔除用户输入的不合法数据，减少浏览器和服务器之间因数据反复传送所引起的等待，还可降低服务器的负担。JavaScript 可用来在数据被送往服务器前对 HTML 表单中的输入数据进行验证；例如，验证必填项目是否已填、邮件地址是否合法、日期是否合法、用户是否在数据域中输入了文本等。

为验证表单数据编写 JavaScript 代码是复杂的编程过程，值得庆幸的是 Dreamweaver CS6 已将常用的表单验证代码封装成"行为"，通过给表单附件"检查表单"行为可以实现简单的表单数据验证。此外，通过 Dreamweaver CS6 内置的 Spry 组件也可以验证表单数据，而且具有更大的验证灵活性。

【案例 7-8】 用"检查表单"行为验证表单数据的合法性

本案例功能：当用户单击"注册"按钮时，检查表单。如果用户未输入账号、密码、确认密码，或邮编、电话、Email 格式不正确，则弹出警告框。如果用户输入确认密码时与密码不相同，也弹出警告框。

操作步骤如下。

（1）启动 Dreamweaver CS6，打开或新建站点，站点根目录为"源文件-chap7"，打开 chap7-8.html。

（2）为表单元素添加行为。将光标定在表单中的任意处，在标签选择栏中选中表单标签<form#form1>，打开行为面板，单击 按钮，并在弹出的菜单中选择"检查表单"命令，在弹出的对话框的"域"列表框中选择相应的表单元素选项，在"值"和"可接受"选项组中设置其值。其中，user_id、psw、confirm_psw 3 个域的值为"必需的"，可接受"任何东西"；post_code、tel 域可接受"数字"；E-mail 域可接受"电子邮件地址"，如图 7-28 所示。单击"确定"按钮。

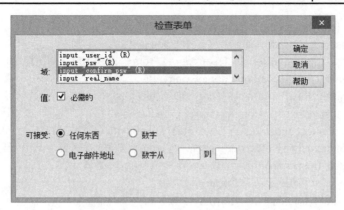

图 7-28　"检查表单"对话框

（3）在行为面板中，将触发事件设置为 onSubmit。这样当单击"注册"按钮提交数据时，会自动检查表单中相应域的内容是否有效。保存文件，浏览网页测试一下检查表单中相应域内容的有效性。当无效时，会弹出警告框，指示信息是英文。

（4）切换到代码视图，在文件头部</head>前面找到如下代码，将加粗部分的英文提示信息修改为中文，使提示信息为中文。

```javascript
<script type="text/javascript">
function MM_validateForm() { //v4.0
  if (document.getElementById){
    var i,p,q,nm,test,num,min,max,errors='',args=MM_validateForm.arguments;
    for (i=0; i<(args.length-2); i+=3) { test=args[i+2]; val=document.getElementById(args[i]);
      if (val) { nm=val.name; if ((val=val.value)!="") {
        if (test.indexOf('isEmail')!=-1) { p=val.indexOf('@');
          if (p<1 || p==(val.length-1)) errors+=' '+nm+' must contain an e-mail address.\n';
          else if (test!='R') { num = parseFloat(val);
          if (isNaN(val)) errors+='- '+nm+' must contain a number.\n';
          if (test.indexOf('inRange') != -1) { p=test.indexOf(':');
            min=test.substring(8,p); max=test.substring(p+1);
            if (num<min || max<num) errors+='- '+nm+' must contain a number between '+min+' and '+max+'.\n';
      } } } else if (test.charAt(0) == 'R') errors += '- '+nm+' is required.\n'; }
    } if (errors) alert('The following error(s) occurred:\n'+errors);
    document.MM_returnValue = (errors == '');
} }
</script>
```

修改后的代码如下：

```javascript
<script type="text/javascript">
function MM_validateForm() { //v4.0
  if (document.getElementById){
    var i,p,q,nm,test,num,min,max,errors='',args=MM_validateForm.arguments;
    for (i=0; i<(args.length-2); i+=3) { test=args[i+2]; val=document.getElementById(args[i]);
```

171

```
      if (val) { nm=val.name; if ((val=val.value)!="") {
        if (test.indexOf('isEmail')!=-1) { p=val.indexOf('@');
          if (p<1 || p==(val.length-1)) errors+='- '+nm+' 必须为电子邮箱地址\n';
          else if (test!='R') { num = parseFloat(val);
          if (isNaN(val)) errors+='- '+nm+' 必须为数字\n';
          if (test.indexOf('inRange') != -1) { p=test.indexOf(':');
            min=test.substring(8,p); max=test.substring(p+1);
            if (num<min || max<num) errors+='- '+nm+' 数值必须处在 '+min+' 与 '+max+'之间\n';
        } } } else if (test.charAt(0) == 'R') errors += '- '+nm+' 必填.\n'; }
      } if (errors) alert('请更正以下错误:\n'+errors);
      document.MM_returnValue = (errors == '');
  } }
</script>
```

（5）添加检查两次密码功能是否相同。（输入两次相同密码的目的是为了加强用户对密码的重视和记忆），切换到代码视图，在文件头部，找到</script>代码，在</script>前面输入如下所示的 Javascript 代码：

```
function check()
{
    with(document.all){
    if(psw.value!=confirm_psw.value)
        {
        alert("两次密码必须相同!")
        psw.value = "";
        confirm_psw.value = "";
        }
    }
}
```

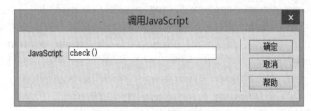

图 7-29　调用 Javascript

（6）调用 check()函数。选择"确认"命令后面的文本域，在"行为"面板中，单击 按钮，在弹出的菜单中选择"调用 JavaScript"命令。在打开的对话框中输入 check()，如图 7-29 所示，单击"确定"按钮，事件类型为 onChange。即实现当确认密码发生改变时检查两次输入的密码是否相同。此时，在代码视图中，文本域 confirm_psw 所在行的代码如下：

```
<input name="confirm_psw" type="password" id="confirm_psw" onChange="MM_callJS('check()')" />
```

在文件头部，</script>代码前面也增加了如下代码：

```
function MM_callJS(jsStr) { //v2.0
    return eval(jsStr)
}
```

（7）保存并测试用户注册表单网页。当必填项中没有填入任何内容而直接单击"注册"按钮时，将弹出如图 7-30 所示的警告框，当输入的确认密码与密码不相同时，弹出如图 7-31 所示警告框。

图 7-30　"检查表单"行为弹出的警告框　　　　图 7-31　两次密码不同时弹出的警告框

【综合实训 7-1】　创建如图 7-32 所示的"爱车一族"用户注册表单

本实训要求：表单中性别和兴趣爱好要使用单选按钮组和复选框组。当提交注册信息时，要检查表单，其中用户名、密码、重复密码为必填，Email 地址要符合电子邮件地址格式。

爱车一族

图 7-32　"爱车一族"用户注册表单

操作步骤如下。

（1）创建 HTML 文档，并保存为 chap7s-3.html。

（2）在文档中插入表单。

（3）在表单中插入表格。在表单中插入 10 行 3 列、宽 800 的表格，填充为 5，间距为 0，边框为 0。调整列宽度，合并部分单元格。

（4）在表格中插入表单内容。其中，第 1 行中的图像为 images/Reg_login2.jpg，第 2 行开始，中间列表单元素的类型和名称如表 7-4 所示。

表 7-4　表单元素类型及其名称属性

表 单 元 素	表单元素类型	名称（在属性面板左侧文本框中填入）
用户名	文本字段（单行，最多 16 个字符）	user_name
密码	文本字段（密码，最多 16 个字符）	psw
重复密码	文本字段（密码，最多 16 个字符）	confirm_psw
爱车选择	列表/菜单，列表/菜单	brand，class
地区	列表/菜单，列表/菜单	province，city
性别	单选按钮组	sex(sex1，sex2)
出生日期	列表/菜单，列表/菜单，列表/菜单	BirthYear，BirthMonth，BirthDay
电子邮件地址	文本字段（单行，最多 50 个字符）	email
兴趣爱好	8 个复选框	hobby1…hobby8
提交注册信息	图像域（作为按钮使用）	submit

（5）为表单元素添加行为。选中"提交注册信息"图像域或选中表单 form 标签，打开行为面板，单击 ➕ 按钮，在弹出的菜单中选择"检查表单"命令，在弹出的对话框的"域"列表中选择相应的元素，在"值"和"可接受"中设置其参数。其中 user_name、psw、confirm_psw 3 个域的值为"必需的"，E-mail 域的值为"必需的"、可接受"电子邮件地址"。

（6）美化表格。为"table"标签新建 CSS 样式，在"table 的 CSS 样式定义"对话框中设置字体"大小"为 14，边框"样式"为凸出 outset，"宽度"为细 thin。

【上机操作 7】

1. 创建"孜孜教学网"主页，如图 7-33 所示。

操作步骤如下。

网页中的文本在"myweb7\文字内容.doc"中，图像在"myweb7\images"中。

（1）在 Dreamweaver CS6 中新建站点 zz_learning，根目录为"源文件-chap7\myweb7"。新建网页文件 index.html。

（2）使用表格布局页面。先创建一个 6 行 2 列的表格，表格宽度为 976px，对齐方式为居中对齐，如图 7-34（a）所示。对单元格进行合并和拆分，形成如图 7-34 中（b）所示的表格。设置第 4 行左边单元格宽度为 240px。在右下方的大单元格中插入 4 行 3 列表格，宽度为 90%，中间列宽为 50px，如图 7-34 中（c）所示。

图 7-33　"孜孜教学网"主页

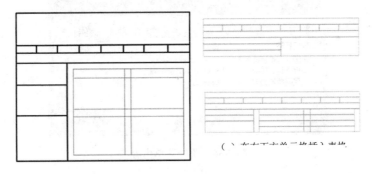

图 7-34　页面布局

（3）为网页附加 CSS 样式表。打开 CSS 样式面板，单击其右下方的"附加样式表"按钮，在弹出的对话框中单击"浏览"按钮，找到"css.css"文件，如图 7-35 所示，单击"确定"按钮。

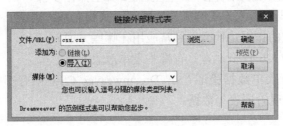

图 7-35　链接外部样式表

（4）为第 1 行第 1 列的单元格套用 css.css 文件中定义的类 top。选中单元格（方法：光标置于第 1 行第 1 列单元格中，单击标签选择栏右起第 1 个<td>标签），在属性面板中选择"目标规则"为 top（该规则定义了背景图像和内边距等，主要是为了方便在该单元格中输入其他内容；例如，滚动字幕等）。

（5）在第 1 行第 1 列单元格中输入文字"欢迎光临孜孜教学网！"，并将其制作成滚动字幕。

（6）在其他单元格中插入相应的图片和文本内容。

（7）创建两个表单：登录表单和搜索表单。

① 在表格第 3 行右边创建课程主题搜索表单，其中搜索按钮为图像域。

② 在侧边栏第 1 个单元格中创建用户登录表单（用表格布局表单元素），登录、重置按钮为图像域。

③ 为用户登录表单添加"检查表单"行为，值为"必需的"。

（8）在侧边栏第 3 个单元格中创建跳转菜单，其列表值如图 7-36 所示。链接网址如下。

❖ 全国计算机等级考试 http://ncre.edu-edu.com.cn/。

❖ 华夏大地教育网 http://www.edu-edu.com.cn/。

❖ 人民网教育频道 http://edu.people.com.cn/。

图 7-36　跳转菜单内容

【理论习题 7】

1．什么是行为？什么是事件？什么是动作？三者之间有什么联系？

2．为文档中的元素添加某种行为，一般需要哪些操作步骤？

3．JavaScript 代码的引入方式有哪几种？编写其相应基本语法。

4．表单在网页中的作用是什么？经常应用在哪些方面？

5．表单对象应插入在什么地方？有哪些表单对象？

6．为什么要进行表单数据验证？在 Dreamweaver CS6 中有哪些方法无须自行编写 JavaScript 代码即可实现验证表单数据？

参 考 文 献

[1] 赖步英. Dreamweaver CS6+Flash CS6 网页制作技术与案例精解[M]. 2 版. 北京：清华大学出版社，2015.

[2] 焦建. Dreamweaver CC+Photoshop CC+Flash CC 网页设计基础教程[M].北京：清华大学出版社，2014.

[3] 黑马程序员. 网页设计与制作项目教程（HTML+CSS+JavaScript）[M]. 北京：人民邮电出版社，2017.

[4] 黄波，张小华，黄平，等. HTML5 App 应用开发教程[M]. 北京：清华大学出版社，2017.

附录 A 《网页设计》课程上机考试试卷 A

上机操作题目（请认真看清如下内容）。

❖ 上机考试前同学们要将教师机上的"网页设计期末考试试卷"文件夹下"专业班级学号姓名-testA"文件夹复制到本地机的 D 盘上，并把文件夹中的学号姓名改为自己的；例如，电商 1 班 01 号小林同学的为"电商 2020101 小林-testA"，并作为网页站点根文件夹。其中，学号（两位）。

❖ 交卷要求：上机考试完成后，一定要把"D:/ 电商 2020101 小林-testA"文件夹复制到教师机上的"网页设计期末考试试卷"文件夹下，同学们自己到教师机确认后才可离开考场。

❖ 同时注意：在主页 index.htm 中的班级、学号、姓名写上同学们自己的信息。

一、网页编辑与超链接 page.html 的制作（20 分）

在站点根文件夹打开并编辑 page.html 网页，按要求完成操作，完成效果，如图 A-1所示。完成后在主页 index.htm 导航中将"网页编辑与超链接"链接到 page.html 网页，目标为_blank。注：将"小刘的邮箱"改为"同学们自己姓名的邮箱"。网页标题设置为专业班级学号姓名，页面属性中的编码设置为简体中文 GB2312。

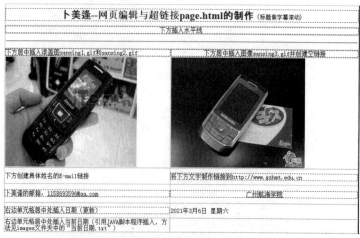

图 A-1 网页编辑与超链接完成效果

二、用 HTML 编写"竹春图"网页（20 分）

在站点根文件夹下新建网页 h1.html，要求编写 HTML 标记方法完成如图 A-2 所示的"竹春图"网页。最后将主页 index.html 导航栏中的"用 HTML 编写网页"超链接到 h1.html，目标为_blank.

图 A-2 "竹春图"网页

三、创建和应用行内-内嵌 CSS 格式网页（20 分）

在站点根文件夹下打开网页 chap6-1.html，采用创建和应用行内和内嵌 CSS 样式方法，格式美化此网页内容，完成后以 css1.html 保存，如图 A-3 所示。最后将主页 index.html 导航栏中的"CSS 格式网页"超链接到 css1.html，目标为_blank

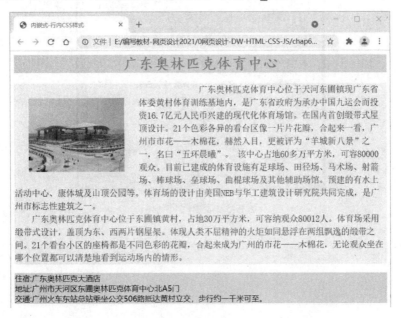

图 A-3 CSS 域网页

四、列表+CSS 制作横向导航栏（20 分）

在站点根文件夹下新建网页文件名为 css2.html，功能要求：在浏览本网页时，上方是一纵向导航栏，鼠标滑过时文字由灰色变为黄色，背景呈下陷的视觉效果，如图 A-4 所示；最后将主页 index.html 导航栏中的"横向导航栏"超链接到 css2.html，目标为_blank。

图 A-4　横向导航栏

五、表单网页 form.htm 的制作（20 分）

在站点根文件夹下新建一个表单网页 form.html，如图 A-5 所示，要求"姓名"和 E-mail 的初始值分别为：同学自己的姓名和 QQ 邮箱，并设置检查表单功能：姓名和"请您留言"必填，E-mail 为 E-mail 格式并必填。完成后将主页 index.htm 导航上的"表单网页"超链接到 form.html 分页，目标为_blank。这里用到背景图文件为 bg.gif。网页标题设置为专业班级学号姓名，页面属性中的编码设置为简体中文 GB2312。

图 A-5　表单网页制作

附录 B 《网页设计》课程上机考试试卷 B

上机操作题目（请认真看清如下内容）。

❖ 上机考试前同学们要将教师机上的"网页设计期末考试试卷"文件夹下"专业班级学号姓名-testB"文件夹复制到本地机的 D 盘上，并把文件夹中的学号姓名改为自己的；例如，电商 1 班 01 号小林同学的为"电商 2020101 小林-testB"，并作为网页站点根文件夹。其中，学号（两位）。

❖ 交卷要求：上机考试完成后，一定要把"D:/ 电商 2020101 小林-testB"文件夹复制到教师机上的"网页设计期末考试试卷"文件夹下，同学们自己到教师机确认后才可离开考场。

❖ 同时注意：在主页 index.htm 中的班级、学号、姓名写上同学们自己的信息。

一、网页编辑与超链接 page.html 的制作（20 分）

在站点根文件夹打开并编辑 page.html 网页，按要求完成操作，完成效果，如图 B-1 所示。完成后在主页 index.htm 导航中将"网页编辑与超链接"链接到 page.html 网页，目标为_blank。注：将"小刘的邮箱"改为"同学们自己姓名的邮箱"。网页标题设置为专业班级学号姓名，页面属性中的编码设置为简体中文 GB2312。

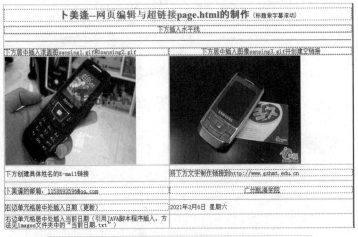

图 B-1 网页编辑与超链接完成效果

二、用 HTML 编写"兰菊芳馨"网页（20 分）

在站点根文件夹下新建网页 h1.html，要求编写 HTML 标记方法完成如图 B-2 所示的"兰菊芳馨"网页。最后将主页 index.html 导航栏中的"用 HTML 编写网页"超链接到 h1.html，目标为_blank.

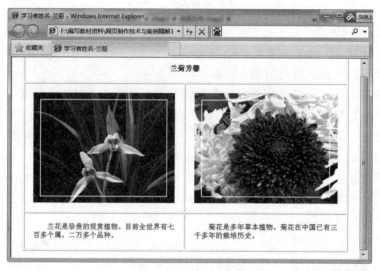

图 B-2 "兰菊芳馨"网页

三、创建和应用行内-内嵌 CSS 格式网页（20 分）

在站点根文件夹下打开网页 chap6-1.html，采用创建和应用行内和内嵌 CSS 样式方法，格式美化此网页内容，完成后以 css1.html 保存，如图 B-3 所示。最后将主页 index.html 导航栏中的"横向导航栏"超链接到 css1.html，目标为_blank

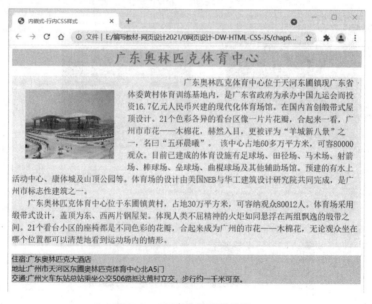

图 B-3 CSS 格式网页效果

四、CSS 盒子模型-为网页元素设置边框（20 分）

在站点根文件夹下新建网页文件名为 css2.html，功能要求：用 CSS 为网页中图和段落等元素设置边框-内边距-外边距等属性。如图 B-4 所示；最后，将主页 index.html 导航栏中的"横向导航栏"超链接到 css2.html，目标为_blank。

图 B-4　边框等属性的设置

五、表单网页 form.htm 的制作（20 分）

在站点根文件夹下新建一个表单网页 form.html，如图 B-5 所示，要求设置检查表单功能：用户名和密码必填，"用户名"初始值为：学生具体姓名；例如小林，"密码"的初始值为 111111。网页标题加上同学自己的姓名。完成后将主页 index.html 导航上的"表单网页"超链接到 form.html 分页，目标为_blank。

图 B-5　表单网页制作效果

案例素材